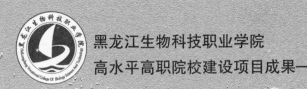

黑龙江生物科技职业学院

高水平高职院校建设项目成果——项目化课程系列教材

U0276146

肉制品加工技术

李威娜　编著

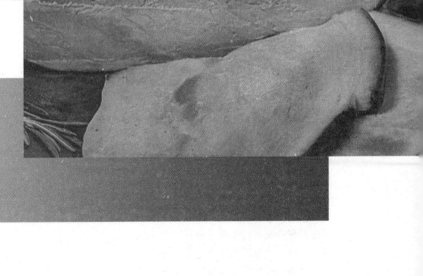

黑龙江大学出版社
HEILONGJIANG UNIVERSITY PRESS

哈尔滨

图书在版编目（CIP）数据

肉制品加工技术 / 李威娜编著. -- 哈尔滨 ：黑龙
江大学出版社，2019.2
ISBN 978-7-5686-0330-0

Ⅰ．①肉… Ⅱ．①李… Ⅲ．①肉制品－食品加工－教
材 Ⅳ．① TS251.5

中国版本图书馆 CIP 数据核字（2019）第 039533 号

肉制品加工技术
ROUZHIPIN JIAGONG JISHU

李威娜　编著

责任编辑	李　卉
出版发行	黑龙江大学出版社
地　址	哈尔滨市南岗区学府三道街 36 号
印　刷	哈尔滨市石桥印务有限公司
开　本	880 毫米 ×1230 毫米　1/16
印　张	10
字　数	255 千
版　次	2019 年 2 月第 1 版
印　次	2019 年 2 月第 1 次印刷
书　号	ISBN 978-7-5686-0330-0
定　价	28.00 元

编委会

总　序

　　目前,我国高等职业教育的院校数量和办学规模都有了长足的发展,高等职业教育也进入内涵建设阶段。从高职院校实施重点建设项目的进程来看,从新世纪高等教育教导改革项目开始,到2006年开始的"国家示范性高等职业院校建设计划"骨干高职院校建设项目,再到2015年启动的优质高职院校项目,应该说,进入改革发展新时代的高职院校已经具备了一定的内涵建设水准。如果内涵建设是高水平高职院校建设的基础,那么一定数量的高水平专业就应该是基础之基础,而课程建设更是高水平专业建设的难点和重点。对一所学校来说,所有先进的教学理念、教学改革观念,只有落实到每一位老师上,落实到每一门课程中,落实到每一堂课的教学中,才能真正发挥效用。

　　《国务院关于加快发展现代职业教育的决定》(国发〔2014〕19号)明确提出,要推进人才培养模式创新,推行项目教学、案例教学、工作过程导向教学等教学模式。为了以突出能力为目标、以学生为主体、以素质为基础、以项目和任务为主要载体,开设出知识、理论和实践一体化的课程,2015年1月,黑龙江生物科技职业学院聘请教育部高职高专现代教育技术师资培训基地、国家示范性高等职业院校——宁波职业技术学院戴士弘教授所组成的专家团队,开展了为期一年的教师职业教育教学能力培训。全院专任教师完成了主讲课程的项目化教学课程整体和单元设计,有81.39%的专任教师通过了专家组的测评。通过项目化教学课程改革,有效提升了教师的课程开发能力、教学设计能力、项目化教学实施能力和项目化教改研究能力,为提升课堂教学质量打下了坚实基础。2016年,学院明确将优质项目化课程建设作为教学工作重点,制定了《优质项目化课程建设实施方案》《骨干专业项目化课程体系改造实施方案》等推进制度。在《项目化课程教材编写实施方案》中,明确了项目化教材既是教材又是学材、既是指导书又是任务书、既承载知识又强调能力的总体编写思路。项目化教材要打破学科体系,以实际结构设计任务为驱动,按项目安排教学内容:在内容的编排上,要遵循基于工作过程、行动导向教学的"六步法"原则;在教学目标的实现上,要依据课程改革要求和工作实际需求对相关知识点加以整合,使教学真正与工作过程相关联;在考核评价上,要通过工作任务的完成使学生掌握知识、技能,对项目教学过程与结果进行评价。教材还应附有项目工作分组表、项目工作计划表、项目控制方案、项目报告模板和项目考核表等。要多引入职业标准、专业标准、课程标准、行业企业技术标准及操作规范、企业真实的案例等内容,所选定的项目必须能正确反映行业的新技术、新产品、新工艺和新设备等。2016年起,学院通过4批遴选确定了51门课程为优质项目化课程建设项目。通过2年多的建设,蔡长霞、翟秀梅、杨松岭等11名院级评审专家与课程负责人共同以"磨课"的方式,一门课程一门课程"说"设计,一个单元一个单元"抠"细节,打造了一批优质项目化课程。

　　"白日不到处,青春恰自来。苔花如米小,也学牡丹开。"这首《苔》是清代诗人袁枚的一首小诗,可以让人领悟到生命有大有小,生活有苦有甜的道理。默默耕耘在高职一线的教师如无名的花,悄然地开着,不引人注目,更无人喝彩。就算这样,他们仍然那么执着地盛开,认真地把自己最美的瞬间毫无保留地绽放给了这个世界。今天,看到学院第一批项目化课程系列教材的 5 部作品即将问世,我觉得经济管理系翟继云,建筑工程系张树民,食品生物系李晶、李威娜和信息工程系荣慧媛等老师,就像是一朵朵苔花,虽然微小,却也像牡丹那样,开得阳光灿烂,开得芳香怡人! 花朵虽香,凝聚的却是众人的汗水。我不敢专美,更不敢心中窃喜,我知道前面的路还很长 ……

  值此学院喜迎 70 周年华诞之际,黑龙江省高水平高职院校建设项目的标志性成果——项目化课程系列教材是献给学院的生日礼物,令我非常感动,也十分欣慰! 我希望全院教师不忘初心,把全部的精力用于课程改革和课程建设中,专注课堂、专注学生,继续开发出更多、更好的项目化教材和教学资源并应用到教学中去,唯其如此,学院建设高职强校的目标必能早日实现!

黑龙江生物科技职业学院院长

李东阳

2018 年 8 月于哈尔滨

前　言

本书的编写主要依托于肉制品生产企业，以满足职业岗位需要为中心，以任务为驱动、以项目为导向，理论知识体现必需、够用的原则，突出应用性、强调实践性，将理论知识与实践操作融为一体，将工作过程转化为学习领域，让学生"做中学""学中做"，便于"教、学、做"一体化教学活动的开展，体现了高职教育技能型人才的培养特色。

本书包含五个项目，十二个工作任务，每个任务都附有相关设备介绍、理论知识、工艺制作流程及操作要点、教学设施、教学考核以及课后作业等内容，图文并茂，加工实例先进、实用。

本书层次清晰、结构紧凑、内容完整，学科特点突出，理论和实践结合紧密，实用性强，可用作高职院校食品专业的教材、参考书及工具书，也可供食品行业各层次、各工种岗位的进修人员使用。

目　录

项目一

腌腊肉制品生产与质量控制

任务一　广式腊肉制作

【知识目标】

1. 能掌握广式腊肉生产工艺流程；

2. 能说出广式腊肉生产工艺操作要点；

3. 能查找广式腊肉生产工艺国家标准。

【技能目标】

1. 能使用广式腊肉生产工具、设备并维护；

2. 能对广式腊肉生产工艺中出现的质量问题提出整改建议；

3. 能独立完成广式腊肉制作并核算产品出品率；

4. 能配合小组成员对成品进行客观评价和总结。

一、工作条件

肉品加工原料种类繁多,由于加工产品不同,生产工艺对原料要求不同,因此在加工前应对原料进行解冻、骨肉分离、绞碎、去皮等不同处理。

（一）空气解冻设备

1. 低温微风解冻装置

该装置是将 1 m/s 左右的低风速加湿空气送入 0 ~ 4 ℃ 的冷藏库, 使冻结肉在 14 ~ 24 h 内尽可能地均匀解冻。图 1 – 1 为解冻库结构示意图。本装置可以使冻结肉表面和中心的温度长时间保持在 –5 ~ –1 ℃, 内外部的温度差小,18 ~ 19 h 可达到半解冻状态。同时, 可以控制解冻时间, 解冻后, 在相同条件下, 可长时间保持肉的质量。另外, 解冻肉整体的硬度一样, 加工时可提高工作效率。

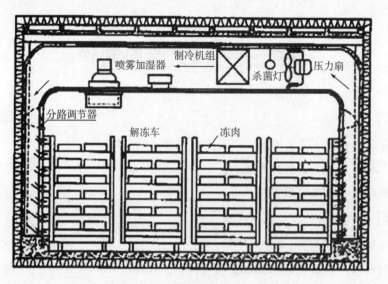

图1-1 解冻库结构示意图

2. 压缩空气解冻装置

该设备主体是直径约为0.7 m,进深约1 m的铁罐。在特制的金属网篮中装入冻结肉,密闭后,将库内压力提高到30 N,库内温度设定在15~20 ℃,开动风机,靠风速为1~1.5 m/s的流动空气进行解冻。压缩空气解冻装置见图1-2。用本装置解冻,可通过提高压力和风速,使表面热传导率增加,缩短解冻时间。相比室温解冻,用本装置解冻汁液流失量和质量减少量均会较少,而且持水性较好。本装置所产生的最大解冻温度带为-5~-1 ℃,可减少肌肉组织损伤。如果解冻温度过高,虽然解冻后肉的色泽和风味较好,但汁液流失量相对较多。

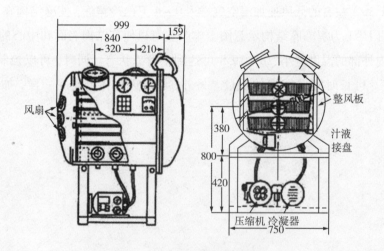

图1-2 压缩空气解冻装置

(二)水解冻设备

水是热的良导体,水解冻的速率要远远高于空气静止解冻的速率。传统的方法是向水罐或水池中注入水,把冻结肉放进水池内,并在水池的上部连续注入一定量的水,使其溢流。这种形式的优点是能在较短时间内使大批冻结肉解冻,缺点是原料肉的营养成分流失较多,肉的颜色、风味损失较大,微生物污染较多。水解冻的水温为 15 ~ 18 ℃ ,12 ~ 16 h 即可解冻。水解冻设备除了上述简易水罐或水池外,比较实用的还有间歇式流水解冻设备,该设备解冻槽长 1200 mm,宽 970 mm,高 750 mm,将4 ~ 5 个槽连接起来,可提高解冻能力(每槽解冻肉 160 kg),槽底部装有螺杆,以保证空槽时槽内水流达到 15 m/min,并每隔 5 min 逆转一次,改变水流方向。

(三)微波解冻设备

微波解冻是指在一定频率的电磁波作用下将冻结食品解冻的方法。传统的冻结食品(原料)解冻是在室温或加热室内(或热水中)进行的。由于冻结食品比非冻结食品有较高的热导率,融化过程的传热由表及里进行。当解冻温度一定时,食品解冻的外层导热比内层慢,解冻时间长,容易造成汁液流失,影响解冻食品的质量。工业上用微波进行冻结肉的解冻和调温,可获得新鲜肉般的质量,可以更好地利用肉原料进行解冻后的进一步加工。采用微波解冻一般 1 h 就可以完成,而常规的空气解冻要 10 h 以上。由于微波解冻时间较短,不会给酶或微生物作用以充足的时间,不易导致肉的变质,因此微波解冻肉的质量较好。

(四)骨肉分离设备

常见的骨肉分离机有三类。

1.胶带挤压式

胶带挤压式骨肉分离机是在弹性胶带和多孔采肉滚筒之间进行强烈挤压,使肉通过采肉滚筒的网孔进入内部,经螺旋输送器送至导肉板排出,骨渣由刮刀铲出。图 1 - 3 为胶带挤压式骨肉分离机。

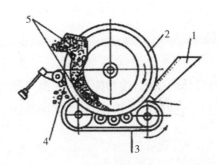

图 1 - 3　胶带挤压式骨肉分离机

1.料斗;2.采肉滚筒;3.胶带;4.刮刀;5.导肉板

2.螺杆挤压式

螺杆挤压式骨肉分离机如图 1 - 4 所示,将待分离的骨肉送入螺杆腔,螺杆旋转,挤压肉糜进入滤网排出,而碎骨渣继续前移至骨渣出口被排出。该设备采用轴套式内循环水冷却装置降低温度,保证质量。根据螺杆转速的高低,又可以分为高速旋转型(螺杆转速为 1000 ~ 2000 r/min)、低速旋转型(转速为 70 ~ 90 r/min,最高 300 r/min)。

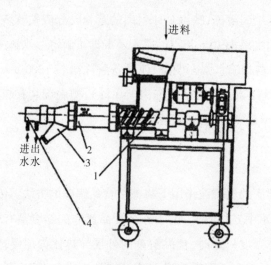

图 1-4　螺杆挤压式骨肉分离机

1.螺杆;2.滤网;3.骨渣出口;4.轴套式内循环水冷却装置

3.活塞式

活塞式压力骨肉分离机靠高压活塞冲击存放在活塞腔内的物料,材质硬的留在腔室中,而肉馅被迫穿过网筛而排出,实现骨肉分离的效果。

二、情境导入

正值旅游旺季,会有很多游客出来旅游,市场中腊肉的销量增加,公司领导要求加大腊肉生产量,因此需要熟练掌握腊肉生产工艺。

三、相关链接

从生物学角度上讲,构成动物机体的组织,按功能分为肌肉组织、神经组织、结缔组织和上皮组织等,但从肉制品加工角度和营养及利用的角度上讲,则分为肌肉组织、脂肪组织、结缔组织和骨组织四部分。

(一)肌肉组织

肌肉组织是肉的主要组成部分,一般占胴体的 50%~60%。由于畜禽的种类、品种、年龄和用途等不同,肌肉组织占胴体的比例也相差很大。肉用品种畜禽肌肉组织比例较高,育肥的畜禽肌肉组织比例较低;幼龄比老龄高;公畜比母畜高;同一牲畜不同部位也不同,如臀部、腰部都具有较多的肌肉组织。

肌肉组织可分为横纹肌(附着在骨骼上)、平滑肌(存在于内脏中)和心肌(构成心脏)三种。

1.横纹肌

横纹肌是附着在四肢、躯体、头部和颈部骨骼上的肌肉,在生理功能上与身体的运动有关,受躯体神经的控制,又称骨骼肌。人们常说的肌肉组织主要是指横纹肌。横纹肌的构成,除许多肌纤维外,还有少量结缔组织、脂肪组织、血管、神经纤维、淋巴等。

(1)横纹肌的宏观结构。肌肉由许多肌纤维和少量结缔组织、脂肪组织等组成。从组织学看,横纹肌由丝状的肌纤维集合而成,每 50～150 根肌纤维由一层薄膜所包围形成初级肌束。再由数十个初级肌束集结并被稍厚的膜所包围,形成次级肌束。再由数个次级肌束集结,外表包着较厚的膜,构成了肌肉。初级肌束和次级肌束外包围的膜称为内肌周膜,也叫肌束膜。肌肉最外面包围的膜叫作外肌周膜,这两种膜都是结缔组织。

(2)横纹肌的微观结构。肌纤维是构成肌肉的基本单位,也称肌纤维细胞。这种细胞属于细长的多核纤维细胞,长度由数毫米到 20 cm,直径只有 10～100 μm。肌纤维的粗细根据动物的种类、年龄、性别、饲养状况、肌肉活动情况不同而有所差异。例如,老龄动物比幼龄的粗、猪肉的肌纤维比牛肉的细等。显微镜下观察,可以看到骨骼肌的肌纤维是平行的、有规则排列的明暗条纹,所以称横纹肌。

2. 平滑肌

平滑肌是完成各种内脏运动功能的肌肉,主要存在于动物内脏中,维持各种内脏的正常形态和位置,构成血管壁、胃肠壁以及其他内脏器官的管壁。肌纤维呈梭形,细胞核呈长卵圆形,位于纤维最宽部分的中央。肌纤维成束,按一定的方向排列,中间有结缔组织。在肉制品加工中,部分平滑肌作为肉制品的包装容器,可加工后直接食用,也可以制作肠衣等产品。

3. 心肌

心肌是构成心脏的肌肉组织,肌纤维呈长柱形,平行排列,自由分支。心肌除直接食用外,还可作为天然色素添加剂,改善肉制品的色泽。因为心肌呈现很浓的鲜红色,含有很多的血红蛋白,很适宜作为肉制品天然色素添加剂。

(二)脂肪组织

脂肪组织具有较高的食用价值,是仅次于肌肉组织的重要部分,对于改善肉的质量,提高肉的风味具有重要作用。脂肪组织一般占胴体的 15%～45%。

在肉中,脂肪的含量变化较大,通常根据动物种类、品种、年龄、性别及肥育程度的不同而不同。猪多蓄积在皮下、体腔、肌肉间及大网膜周围;羊多蓄积在尾根、肋间;牛多蓄积在肌肉间、皮下;鸡多蓄积在皮下、体腔、卵巢及胃周围。脂肪蓄积在肌束内使肉呈大理石状,肉质较好。脂肪的功能一是保护组织器官使其不受损伤,二是供给能源。脂肪组织中脂肪占 87%～92%,水分占 6%～10%,蛋白质占 1.3%～1.8%。另外还有少量的酶、色素及维生素等。

(三)结缔组织

结缔组织在动物体内起到支持、连接各器官组织和保护组织的作用,是肉的次要成分,是构成肌腱、筋膜、韧带及肌肉内外膜、血管、淋巴结的主要成分,使肌肉保持一定硬度,具有弹性。结缔组织主要由结缔组织纤维构成,包括胶原纤维、弹性纤维、网状纤维三种。结缔组织一般占胴体的 9%～13%。

1. 胶原纤维

胶原蛋白是构成胶原纤维的主要成分,是机体中最丰富的简单蛋白,约占胶原纤维的85%,相当于机体总蛋白质的20%~25%。胶原蛋白质地坚韧,不溶于一般溶剂,在沸水和弱酸中可形成明胶,不易被胰蛋白酶、糜蛋白酶消化,但可被胃蛋白酶及细菌所产生的胶原酶消化。

2. 弹性纤维

弹性纤维色黄,有弹性,在黄色的结缔组织中含量多,纤维粗细不同且有分支,为弹性纤维的主要成分,约占弹性纤维的25%。弹性蛋白在很多组织中与胶原蛋白共存,在皮、腱、脂肪等组织中含量很少,在韧带与血管中含量最多。弹性蛋白化学性质稳定,在沸水、弱酸或弱碱中不溶解,但可被胃液和胰液消化,也可被无花果蛋白酶、木瓜蛋白酶、胰弹性蛋白酶水解。

3. 网状纤维

网状纤维主要分布于疏松结缔组织与其他组织的交界处,主要由网状蛋白构成,属非胶原蛋白,不易被消化吸收,能增加肉的硬度,在肉制品加工中,可用来加工胶冻类制品。

(四)骨组织

骨组织一般占胴体的5%~20%。骨组织是肉的次要成分,畜禽体内骨骼与净肉的比例决定肉的食用价值。

骨由骨膜、骨质及骨髓构成。骨膜是由结缔组织包围在骨骼表面形成的一层硬膜。骨质根据构造的致密程度分为骨密质和骨松质。骨髓分红骨髓和黄骨髓。红骨髓细胞较多,为造血器官,幼龄动物含量多;黄骨髓主要是脂肪,成年动物含量多。

骨骼的利用价值主要是从骨骼中分离脂肪,提取明胶以及将骨骼粉碎作为饲料或食品添加剂,强化钙和磷。

四、任务分析

(一)腌制成分及作用

以食盐为主,添加其他辅料(硝酸盐、亚硝酸盐、蔗糖、香辛料等)处理肉类的过程称为肉品腌制。腌制主要是为了改善风味和颜色,以提高肉的品质。

1. 食盐

食盐是肉类腌制最基本的成分,也是必不可少的腌制材料。食盐的作用:

(1)突出鲜味作用。肉制品中所含的蛋白质、脂肪等具有鲜味的成分要在一定浓度的咸味下才能表现出来。

(2)防腐作用。盐可以通过脱水作用和渗透压作用抑制微生物的生长,延长肉制品的保存期。5%的 NaCl 溶液能完全抑制厌氧菌的生长,10%的 NaCl 溶液对大部分细菌有抑制作用,但一些嗜盐菌在15%的盐溶液中仍能生长。某些种类的微生物甚至能够在饱和盐溶液中生存。

（3）食盐可以促使硝酸盐、亚硝酸盐、糖分向肌肉深层渗透。如果单独使用食盐,会使腌肉色泽发暗,质地发硬,仅有咸味,影响产品的可接受性。腌制室温度一般保持在 $0 \sim 4 \, ℃$,腌肉用的食盐和溶液必须保持卫生状态,严防污染。

2. 糖

在腌制时常用的糖类有:葡萄糖、蔗糖和乳糖。糖类主要作用为:

（1）调味作用。糖和盐有相反的滋味,在一定程度上可缓和腌肉的咸味。

（2）助色作用。还原糖(葡萄糖等)能吸收 O_2 防止肉脱色;糖为硝酸盐还原菌提供能源,使硝酸盐转变为亚硝酸盐,加速 NO 的形成,使发色效果更佳。

（3）增加嫩度。糖可提高肉的保水性,增加出品率;糖也利于胶原膨润和松软,因而可增加肉的嫩度。

（4）产生风味物质。糖和含硫氨基酸之间发生美拉德反应,产生醛类等羰基化合物及含硫化合物,增加肉的风味。

（5）在需要发酵成熟的肉制品中添加糖,有助于发酵的进行。

3. 硝酸盐和亚硝酸盐

腌肉中使用亚硝酸盐主要有以下几方面作用:

（1）抑制肉毒梭状芽孢杆菌的生长,并且具有抑制许多其他类型腐败菌生长的作用。

（2）优良的呈色作用。

（3）抗氧化作用,延缓腌肉腐败,这是由于它本身有还原性。

（4）有助于腌肉独特风味的产生,抑制蒸煮味产生。

4. 磷酸盐

肉制品中使用磷酸盐可提高肉的保水性,使肉在加工过程中仍能保持其水分,减少营养成分损失,同时也可保持肉的柔嫩性,增加出品率。

5. 抗坏血酸钠和 D – 异抗坏血酸钠

在肉的腌制中使用抗坏血酸钠和 D – 异抗坏血酸钠主要有以下作用:

（1）抗坏血酸钠可以同亚硝酸发生化学反应,增加 NO 的形成,使发色过程加速。如在法兰克福香肠加工中,抗坏血酸钠可使腌制时间减少1/3。

（2）抗坏血酸钠有利于高铁肌红蛋白还原为亚铁肌红蛋白,因而能加快腌制的速度。

（3）抗坏血酸钠能起到抗氧化剂的作用,因而能稳定腌肉的颜色和风味。

（4）在一定条件下抗坏血酸钠具有减少亚硝胺形成的作用。

（二）腌肉的呈色机理

1. 发色机理

硝酸盐首先在肉中脱氮菌(或还原物质)的作用下,还原成亚硝酸盐;然后与肉中的乳酸发生复分解反应而形成亚硝酸;亚硝酸再分解产生 NO;NO 与肌肉纤维细胞中的肌红蛋白(或血红蛋白)结合而产生鲜红色的亚硝基肌红蛋白(或亚硝基血红蛋白),使肉具有鲜艳的玫瑰红色。反应式如下:

$$NaNO_3 \xrightarrow[+2H^+]{\text{细菌还原作用}} NaNO_2 + 2H_2O;$$

$$NaNO_2 + CH_3CH(OH)COOH(\text{乳酸}) \longrightarrow HNO_2 + CH_3CH(OH)COONa(\text{乳酸钠});$$

$$2HNO_2 \longrightarrow NO + NO_2 + H_2O;$$

NO + 肌红蛋白(血红蛋白)→亚硝基肌红蛋白(血红蛋白)。

pH 值与亚硝酸的生成有很大关系。据研究,原料肉的 pH 值为 5.62 时发色良好,制品的亚硝酸残留量为 0.4×10^{-6},原料肉的 pH 值为 6.35 时发色程度约为前者的 70%,亚硝酸残留量为 0.73×10^{-6}。pH 值越低,亚硝酸生成量越多,发色效果越好。pH 值高时,亚硝酸盐不能生成亚硝酸,不仅发色不好,而且残留在肉制品的亚硝酸根也多。

2. 硝酸盐的用量

硝酸盐的用量应根据肉中肌红蛋白和残留血液中的血红蛋白反应所需要的数量添加,可以根据测得的肉中氯化血红素($C_{34}H_{32}ClFeN_4O_4$)的总量来计算。如经测定,牛肉中的氯化血红素的含量为 48×10^{-5},猪肉中氯化血红素的含量为 28×10^{-5},氯化血红素的相对分子质量为 652,亚硝酸钠的相对分子质量为 69,1 个分子的氯化血红素需要消耗 1 个分子的 NO,可以计算腌制牛肉时形成所必需的最低亚硝酸钠的数量:$x = 69 \times 0.048/652 = 0.005$,即 100 g 牛肉中加入 5 mg 亚硝酸钠就可以保证呈色作用。如由 2 个分子亚硝酸钠生成 1 个分子的 NO,则加入亚硝酸钠的数量应增加 1 倍。另外,还应考虑到亚硝酸盐在腌制、热加工和产品贮藏中的损失。

(三)广式腊肉制作工艺及操作要点

1. 原料验收

选择经检验检疫合格的猪五花肉或其他部位的肉,肥瘦比例为 5:5 或 4:6,剔除硬骨或软骨,切成长 38~42 cm,宽 2~5 cm,厚 1.3~1.8 cm 的长方体肉条,重 0.2~0.25 kg。在肉条一端用尖刀穿一小孔,系绳吊挂。

2. 腌制

一般采用干腌法和湿腌法腌制。按表 1-1 配方用 10% 清水溶解配料,倒入容器中,然后放入肉条,搅拌均匀,每隔 30 min 搅拌翻动 1 次,于 20 ℃下腌制 4~6 h,腌制温度越低,腌制时间越长,肉条越能充分吸收配料。腌好后取出肉条,滤干水分。

表 1-1　腌制配方

名称	肉品	精盐	白砂糖	曲酒	酱油	亚硝酸钠	其他
用量/kg	100	3	4	2.5	3	0.01	0.1

3. 烘烤或熏制

腊肉因肥膘肉较多,烘烤或熏制温度不宜过高,一般将温度控制在 45~55 ℃,烘烤时间为 1~3 天,根据皮、肉颜色可判断,此时皮干、瘦肉呈玫瑰红色,肥肉透明或呈乳白色。熏烤常以木炭、锯木粉、糠壳等作为烟熏燃料,在不完全燃烧条件下进行熏制,可使肉制品具有独特的腊香。

4.包装与保藏

冷却后的肉条即为腊肉成品。采用真空包装,即可在20 ℃下保存3~6个月。

五、任务布置

总体任务
任务1　每个小组各制作0.5 kg腊肉。
任务2　根据成品计算腊肉的出品率。
任务3　核算腊肉的生产成本。
任务4　根据成品总结质量问题及生产控制方法。
任务5　完成腊肉制作任务单。

任务分解				
步骤	教学内容及能力/知识目标	教师活动	学生活动	时间
1	能查找广式腊肉生产国家标准。	1.明确生产任务。	1.接受教师提出的工作任务,聆听教师关于腌制方法的讲解。	35 min
		2.将任务单发给学生。	2.通过咨询车间主任(教师扮演)确定生产产品的要求。	
		3.采用PPT讲解腌制、干制方法和生产要点。	3.通过查阅资料,填写任务单部分内容。	
2	学习制作广式腊肉所用的仪器设备: 1.能使用制作腊肉所用的工具和设备。 2.能对工具和设备进行清洗与维护。	1.为学生提供所需刀具、器具和设备,并提醒学生安全注意事项。	1.根据具体的生产任务和配方的要求,选择合适的工具及腌制设备。	10 min
		2.为学生分配原料肉;接受学生咨询,并监控学生的讨论。	2.分成6个工作小组,并选出组长。	
3	制订生产计划: 1.能够掌握腊肠生产计划的制订方法。 2.能学会与小组成员默契配合。	1.审核学生的生产计划。	1.以小组讨论协作的方式,制订生产计划。	15 min
		2.对各生产环节提出修改意见。		
		3.接受学生咨询并监控学生讨论。	2.将制订的生产计划与教师讨论并定稿。	

续表

		任务分解		
步骤	教学内容及能力/ 知识目标	教师活动	学生活动	时间
4	广式腊肉制作: 1. 能配合小组成员完成腊肉的生产。 2. 对腊肉生产中出现的质量问题能进行准确描述。 3. 能掌握腊肉生产的工艺流程。	1. 监控学生的操作并及时纠正错误。	1. 用刀具修整。	70 min
4		2. 回答学生提出的问题。	2. 进行腌制。 3. 手工进行系绳。	
4		3. 对学生的生产过程进行检查。	4. 在任务单中记录工艺数据。	
5	计算腊肉出品率、成本: 1. 能对成品进行评定。 2. 能计算成品出品率及生产成本。	1. 讲解成品出品率及成本核算的方法。	1. 学习成品出品率及成本的核算方法。	25 min
5		2. 监控学生的操作并及时纠正错误。	2. 评定产品是否符合生产要求。	
5		3. 回答学生提出的问题。	3. 计算本组制作的腊肉出品率及生产成本。	
6	产品评价: 1. 能客观评价自我工作及所做的产品。 2. 对其他小组产品能做出正确评价。	1. 对各小组工作进行综合评估。	1. 以小组讨论的方式进行产品评价。	10 min
6		2. 提出改进意见和注意事项。	2. 根据教师提出的意见修改生产工艺条件。	
7	考核	明确考核要点	参与腊肉工艺考核	60 min
8	管理	分配清洁任务	参与清场	15 min
作业	独立完成任务单上的总结和习题			
课后体会				

六、工作评价

对照腊肉成品进行评价,完成报告单。

广式腊肉制作报告单

姓名：_____　专业班级：_____　学号：_____　组别：_____

一、任务目标

1. 通过任务,使学生学会腊肉制品的加工原理与方法。

2. 掌握广式腊肉加工的操作要点。

3. 锻炼学生的动手能力及团队合作意识。

二、课堂习题

1. 叙述广式腊肉、四川腊肉、北方腊肉各有什么特点。

2. 简述肉制品的腌制方法。各有哪些优点?

3. 简述磷酸盐在肉制品加工中的作用。

4. 腌制过程中食盐和亚硝酸盐分别起到哪些作用?

5. 肉腌制成熟的标准是什么?

三、方法步骤

1. 工艺流程:

2. 操作要点:

(1)原料选择:

(2)预处理:

(3)配料:

(4)腌制:

续表

广式腊肉制作报告单
姓名:＿＿＿＿＿＿ 专业班级:＿＿＿＿＿＿ 学号:＿＿＿＿＿＿ 组别:＿＿＿＿＿＿
(5)烘烤: (6)包装: 四、注意事项 1. 2. 3. 4. 5. 6. 五、结果分析   六、完成情况   七、心得体会   八、不足与改进   教师点评＿＿＿＿＿＿＿＿＿＿＿＿＿＿＿＿＿＿＿＿＿＿＿＿＿＿＿ ＿＿＿＿＿＿＿＿＿＿＿＿＿＿＿＿＿＿＿＿＿＿＿＿＿＿＿

七、实践回顾

1. 根据皮、肉色可判断烘烤终点,此时皮干,瘦肉呈玫瑰红色,肥肉透明或呈乳白色。

2. 烘烤过程中温度不能过高,以免烤焦、肥膘变黄;也不能太低,以免水分蒸发不足,使腊肉发酸。

3. 烤炉内的温度要求恒定,不能忽高忽低,否则影响产品质量。

4. 经过一定时间的烘烤,肉表面干燥并有出油现象,即可出炉。

5. 送入干燥通风的晾挂室中晾挂冷却,如果遇雨天应关闭门窗,以免受潮。

八、课后作业

1. 与市场销售产品进行对比,比较腊肉成品的质量。

2. 各小组课余时间尝试四川腊肉的制作过程,并与广式腊肉比较,进行总结。

任务二　腊肠制作

【知识目标】

1. 能掌握腊肠生产工艺流程；

2. 能说出腊肠生产工艺操作要点；

3. 能查找腊肠生产工艺国家标准。

【技能目标】

1. 能使用腊肠生产工具、设备并维护；

2. 能对腊肠生产工艺中出现的质量问题提出整改建议；

3. 能独立完成腊肠制作并核算产品出品率；

4. 能配合小组成员对成品进行客观评价和总结。

一、工作条件

腌制是肉制品加工的一个重要的工艺过程，传统的腌制工艺包括湿腌法、干腌法、混合腌制法。腌制设备主要有盐水注射机、嫩化机和滚揉机。

（一）盐水注射机

将腌制液注射到原料肉中的设备称为盐水注射机。

1. 盐水注射机的分类

盐水注射机分为不带骨盐水注射机、带骨盐水注射机、注射/嫩化两用机，目前最先进的盐水注射机通过更换针头，大都既能注射带骨肉块，又能注射去骨肉块，还能进行嫩化处理。

2. 盐水注射机的结构原理

图1-5是盐水注射机的工作原理图，它由盐水泵、贮液槽、注射针及传送带等部分构成。注射针管的侧壁上有许多小孔，腌制液从小孔流出，扩散至肉中。国内生产的盐水注射机多是单针头手动或半自动设备。现代化大型工厂多采用多针头盐水注射机，并实现自动化。

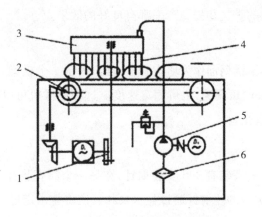

图1-5 盐水注射机的工作原理图

1.曲柄连杆机构;2.棘轮棘爪机构;3.针板;4.注射针;5.盐水泵;6.过滤网

盐水注射机工作时,首先将配好的腌制液装入贮液槽中,由压力阀连通贮液槽与注射针的针管,再将称重后的肉放在喂料传送带上,从注射针下部通过。通过加压阀门使贮液槽中的腌制液进入注射针管中,当针头碰到肉片时开始注射,针头恒速下降,针头上升时停止注射。盐水注射机配有十至数百根注射针管,通过注射针的上下运动(每分钟5~120回),把腌制液定量、均匀、连续地注入原料肉中。

(二)嫩化机

通过机械作用增加肉类的表面积,使肌肉释放出更多的蛋白质,主要适合于高级西式火腿的加工。

嫩化机的原理及结构很简单,就是用齿片刀、针、锥或带有尖刺的挤辊,对注射盐水后的大块肉进行穿刺、切割、挤压,对肌肉组织进行一定程度的破坏,打开肌肉束腱,从而加速盐水的扩散和渗透。

(三)滚揉机

将盐水注射及嫩化后的肉块进行慢速柔和的翻滚,使肉块得到均匀的挤压、按摩,加速肉中盐溶蛋白的释放及盐水的渗透,增加黏着力和保水性能,改善产品的切片性,提高出品率。滚揉机是生产西式火腿、香肠常见的腌制设备。

1.滚筒式滚揉机

滚筒式滚揉机,外形为一卧置的滚筒,滚筒内壁有螺旋叶片,将需要滚揉的肉料装入滚筒中,随着滚筒的转动,肉在筒内上下翻动,先是被不锈钢滚筒内壁的螺旋形叶片带动上升,然后靠自重而下落拍打滚筒底部的腌液。由于肉块在上升和下落的同时也互相碰撞摩擦,因此也达到揉搓的效果。肉在这种滚揉机中的运动形式主要是翻转,所以又称为翻滚机。

2.搅拌式滚揉机

搅拌式滚揉机近似于搅拌机,外形也是滚筒形,但不能转动,筒内装有一根能转动的桨叶,通过桨叶搅拌肉,使肉在筒内上下滚动,相互摩擦而变松弛。这种滚揉机又称按摩机。

目前,较为先进的滚揉设备是真空滚揉机。该设备的优点在于有利于盐水吸收,肉片黏着性好,同时真空处理对增加熟火腿的香气和提高产率都有良好的效果。

3. 立式滚揉机

立式滚揉机由一个方形不锈钢桶作为盛肉容器,桶口固定一个横梁,横梁上安装带搅拌叶片的电机,搅拌轴转速为 2 ~ 20 r/min,可调速,也可固定速度。这种滚揉机可以移动,在盐水注射机旁装料,在腌制间中滚揉,在充填机处出料。

4. 双倍针真空滚揉机

在真空滚揉系统的一个筒底装有 300 支注射针,在另一个筒底装有 300 支实心针。设备旋转时,肉块掉落在注射针上,刺入肉中的注射针通过盐水泵和管道将盐水定量地注射到肉中。

二、情境导入

节假日临近,市场中肉灌制品需求量加大,尤其是腊肠深受消费者喜爱,公司领导要求加大腊肠生产量,因此需要熟练掌握腊肠生产工艺。

三、相关链接

(一)肉的化学成分

肉的化学成分主要包括:水分、蛋白质、脂肪、碳水化合物、浸出物、矿质元素和维生素。肉的化学成分受动物的种类、性别、年龄、营养状态及畜体的部位影响而有变动,且宰后肉内酶的作用,对其成分也有一定的影响。

1. 水分

水是肉中含量最多的成分,在肉中分布不均匀,肌肉含水 70% ~ 80%,皮肤为 60% ~ 70%,骨骼为 12% ~ 15%。畜禽愈肥,水分的含量愈少;老年动物比幼年动物含量少。肉中水分含量及状态影响肉的加工质量,与肉的贮藏性呈正相关。根据水分在肉中的存在形式,分为结合水、不易流动水和自由水三种。

(1)结合水

通常这部分水在肌肉的细胞内部,指借助分子表面分布的极性基团与水分子之间的静电引力而形成的薄层水分,分布在蛋白质等分子周围。性质稳定,冰点约为 −40 ℃,不易受肌肉蛋白质结构的影响,不能作为其他物质的溶剂,甚至在施加外力条件下,也不能改变其与蛋白质分子紧密结合的状态。

(2)不易流动水

占总水分的 60% ~ 70%,肉中的水大部分以不易流动水的形式存在,存在于纤丝、肌原纤维及膜之间。

(3)自由水

约占总水量的 15%,是能自由流动的水,存在于细胞间隙及组织间。自由水性质活泼,容易蒸发和结冰,能够被微生物利用使肉品腐败变质,同时也是在加工过程中易损失的水分。

2.蛋白质

蛋白质含量约为20%,占肉中干物质的80%,是肌肉中除水分之外的主要成分,依其构成位置和在盐溶液中溶解度可分成三种蛋白质:肌原纤维蛋白质、肌浆蛋白质和基质蛋白质。其中肌原纤维蛋白质约占55%,肌浆蛋白质约占35%,基质蛋白质约占10%。

3.脂肪

脂肪对肉的品质和加工特性影响较大,肌肉中脂肪含量多少直接影响肉的多汁性和嫩度,脂肪含量高,肉的嫩度高,口感好,保水性好。脂肪分为蓄积脂肪(包括皮下脂肪、肾脂肪、网膜脂肪、肌肉间脂肪等)和组织脂肪(包括肌肉组织内脂肪、神经组织脂肪、脏器脂肪等)。

4.浸出物

浸出物包括含氮浸出物和无氮浸出物,指能溶于水的浸出性物质。浸出物成分的主要有机物为核苷酸、嘌呤碱、胍类化合物、氨基酸、肽、糖原、有机酸等。

(1)含氮浸出物

含氮浸出物如游离氨基酸、磷酸肌酸、核苷酸、肌苷、尿素等,这些物质是肉香味的主要来源。含氮浸出物为非蛋白质的含氮物质。

(2)无氮浸出物

无氮浸出物为不含氮的可浸出的有机化合物,包括糖类和有机酸。肉中的糖以游离的或结合的形式广泛存在于动物的组织和组织液中。

5.矿物质

肉类中的矿物质主要为无机盐,含量一般为0.8%~1.2%。肉的钙含量较低,含磷较高,钾和钠几乎全部存在于软组织及体液之中。矿物质在肉中有的以游离状态存在,如镁离子、钙离子;有的以螯合状态存在,如肌红蛋白中的铁,核蛋白中的磷。钾和钠可提高肉的保水性,锌与钙能降低肉的保水性。

6.维生素

肉中脂溶性维生素含量较少,水溶性B族维生素含量较多。维生素主要有:维生素A、维生素B_1、维生素B_2、烟酸、叶酸、维生素C、维生素D等,肝脏中维生素含量较多。猪肉中维生素B_1的含量比其他肉类要多得多,而牛肉中叶酸的含量则又比猪肉和羊肉高,海产鱼类维生素A含量较高。

7.影响肉的化学成分的因素

(1)动物的种类

不同动物的肌肉的化学组成不同。

(2)性别

性别不同,肉的化学组成也不相同。

(3)畜龄

随畜龄的增加,肌肉的化学组成会发生变化,除水分下降外,别的成分含量均增加。

（4）营养状况

营养状况不仅直接影响动物的生长发育,而且影响到肌肉的化学组成。

（5）解剖部位

同一动物不同的解剖部位,肌肉组成也有很大差异。

（二）肉制品加工辅料

肉制品加工辅料是指能够改善肉制品的风味、质量和加工工艺条件,延长肉制品保存期而加入的辅助性物料。

1. 调味料

为了改善食品的风味,赋予食品特殊味感(咸、甜、酸、苦、鲜、麻、辣等),使食品鲜美可口、引起食欲而加入食品中的天然或人工合成的物质称为调味料。

（1）食盐

食盐可提高肉制品的保水性和黏结性,并能改善产品的风味,抑制细菌繁殖。

（2）食糖

食糖可起到保色、缓和咸味、增色、使肉质松软适口和辅助剂的作用。葡萄糖除了可以调味外,还有调节 pH 值和氧化还原的作用。食糖包括:砂糖、红糖、冰糖、饴糖、葡萄糖和蜂蜜,其在肉制品加工中的添加量为 0.5% ~3%。

（3）食醋

食醋宜采用粮食醋,主要为中式糖醋类风味产品的调味料,与糖按一定比例配合,可形成宜人的甜酸味。醋可以增加食物味道、增进消化、软化植物纤维,同时还能促进钙、磷的吸收作用。

（4）鲜味剂

常用的鲜味剂为谷氨酸钠,俗称味精或味素,在肉制品加工中,用量为 0.02% ~0.15%。对酸性强的食品,可比普通食品多加20%左右。

（5）料酒

料酒可去除肉中的膻味、腥味和异味,并有一定的杀菌作用,能赋予制品特有的醇香味,增加风味特色。

（6）酱油

肉品加工中宜选用酿造酱油,主要在中式肉制品中使用,具有增鲜增色、改良风味的作用,在腌、腊肉制品中使用,还有促进其发酵成熟的作用。

2. 香辛料

香辛料在肉制品加工中使用,可起到赋予食物风味、增进食欲、帮助消化和吸收的作用。取自植物的种子、花蕾、叶茎、根块或其提取物等,具有刺激性香味。

（1）辣椒

辣椒能促进唾液分泌,有强烈的辛辣味,可增进食欲。

（2）姜

粉状汤料常用姜粉,液状汤料中宜用鲜姜,根茎部具有芳香而强烈的辛辣气味和清爽风味。

（3）大蒜

大蒜有强烈的辣味,可增进食欲,刺激神经系统,使血液循环旺盛,根茎部有芳香和强烈辣味,一般用量为0.5%~1%。

（4）香葱

香葱有类似大蒜的刺激性味和辣味,干燥后辣味消失,加热后可呈现甜味。

（5）胡椒

胡椒颜色有黑、白之分,具强烈的芳香和麻辣味,用量为1%~2.5%。

（6）花椒

花椒是我国北方和西南地区不可缺少的调味品,有特殊的香气和强烈辣味,且麻辣持久,常用于麻辣汤料中。

（7）肉桂

肉桂添加量为0.5%~1%,有特殊芳香和刺激性甘味。

（8）大茴香

大茴香有特殊芳香气,微甜,粉状汤料中用量为0.5%~1%。

（9）混合香辛料

将数种香辛料混合起来,具有特殊的香气。它的代表性品种有:五香粉、辣椒粉、咖喱粉。

①五香粉。用茴香、花椒、肉桂、丁香、陈皮等五种原料混合制成,有很好的香味。

②辣椒粉。主要成分是辣椒,另混有茴香、大蒜等,具有特殊的辣香味。

③咖喱粉。由以香味为主的香味料、以辣味为主的辣味料和以色调为主的色香料等部分组成。一般混合比例是:香味料40%,辣味料20%,色香料30%,其他10%。

（三）添加剂

肉品加工中使用的添加剂,根据其目的不同可分为:发色剂、发色助剂、防腐剂、抗氧化剂和品质改良剂等。

1. 发色剂

在加工工艺中添加硝酸盐与亚硝酸盐,可使肉制品呈鲜艳的红色。我国规定亚硝酸盐的加入量为0.15 g/kg,残留量为0.03~0.07 g/kg,低于国际上规定的残留量。联合国食品添加剂法规委员会建议在目前还没有理想的替代品的情况下,肉制品中亚硝酸盐的添加量为0.2 g/kg。

2. 发色助剂

发色助剂具有较强的还原性,其助色作用通过促进NO生成,防止NO及亚铁离子的氧化。肉制品中常用的发色助剂有:维生素C和异抗坏血酸及其钠盐、烟酰胺、葡萄糖、葡萄糖醛内脂等。目前生产上使用较多的是维生素C,其最大使用量为10^{-3},一般为0.02%~0.05%。

3. 品质改良剂

（1）磷酸盐。我国《食品添加剂使用卫生标准》中规定可用于肉制品的磷酸盐有三种:焦磷酸钠、三聚磷酸钠和六偏磷酸钠。多聚磷酸钠的作用是提高保水性、增加出品率并提高黏着力、弹性和赋形性等。各种磷酸盐混合使用比单独使用效果好,且混合的比例不同,效果也不同。磷酸盐溶解性较差,配制腌液时需先将磷酸盐溶解后再加入其他腌制料。

在肉品加工中,使用量一般为肉重的0.1%~0.4%。用量过大会导致产品风味恶化、组织粗糙、呈色不良。几种磷酸盐组合的配比见表1-2。

表1-2　几种磷酸盐的组合配比

编号	多聚磷酸盐/%		
	焦磷酸钠	三聚磷酸钠	六偏磷酸钠
1	40	40	20
2	50	25	25
3	50	20	30
4	5	25	70
5	10	25	65

(2)小麦面筋。小麦面筋具有胶样的结合性质,可以与肉结合,蒸煮后会产生膜状联结物质,类似结缔组织。适于肉间隙或肉裂缝的填补,一般添加量为0.2%~5%。

(3)大豆蛋白。大豆蛋白兼有容易同水结合的亲水基和容易同油脂结合的疏水基两种基团,具有很好的乳化力,能够改善肉的质量,具有保水性、保油性和肉粒感。

(4)淀粉。淀粉的种类很多,价格较便宜。常用的有绿豆淀粉、小豆淀粉、马铃薯淀粉、白薯淀粉、玉米淀粉。淀粉是我国习惯上使用的增稠剂,可改善制品的保水性、组织状态,使产品结构紧密、富有弹性、切面光滑、鲜嫩可口。淀粉使用得当,不但不会影响质量,而且经济效果也显著。

(5)明胶。明胶加水后会缓慢地吸水膨胀软化,可以吸取5~10倍量的水,形成结实而有弹性的胶冻,胶冻加热变成溶液,冷却后又凝结成块。明胶是由骨、生皮、肌腱及其他动物结缔组织的生胶质中提取出来的一种不完全蛋白质。

(6)卡拉胶。卡拉胶是可溶于水的白色细腻粉状、含有多糖、不含蛋白质的胶凝剂,是从海洋中红藻科的海藻中提炼出来的,具有能深入肉组织的特点。在肉中结合适量的水,能形成综合的黏胶网状结构,它有保持稳定结构的特征,并有极佳的含水及黏合能力。在肉制品加工过程中,可以减少蒸煮损失。

4.防腐剂

肉制品加工中常用的防腐剂有:苯甲酸钠、山梨酸钾、乳酸链球菌素等。

5.抗氧化剂

目前已使用的抗氧化剂有6种,分为油溶性抗氧化剂和水溶性抗氧化剂两大类。

6.营养强化剂

世界上所用的食品营养强化剂总数约130种,我国已生产使用的约30种。食品营养强化剂可分为维生素、氨基酸和无机盐三大类。

(四)肠衣

肠衣是防止肉制品在加工过程中产品形状被破坏、保持产品规格而使用的材料。可分为天然肠衣和人造肠衣。

1. 天然肠衣

天然肠衣是以猪、牛、羊的小肠、大肠、盲肠、膀胱等做原料,经刮制加工,除去肠内外的各种不需要的组织加工而成的一层坚韧、柔软、滑润、富有弹性、透明或半透明的薄膜。

天然肠衣包括猪肠衣、羊肠衣和牛肠衣,其弹性好,保水性强,可食用,但规格和形状不整齐,数量有限。

2. 人造肠衣

人造肠衣是用化学合成的方法制成的包装材料,使用方便、安全卫生、规格标准、填充量固定、易印刷、价格便宜、损耗少。人造肠衣分为以下三类:

(1)纤维素系列肠衣。具有透气性,但不可食用。利用自然纤维素,如棉线、木屑、亚麻或其他植物纤维制成。

(2)胶原肠衣。其性质和天然肠衣相似,以动物的皮等为原料制成。

(3)塑料肠衣。品种规格较多,可以印刷,使用方便,光洁美观,适合于蒸煮类产品。用聚偏二氯乙烯和聚乙烯薄膜制成,又可分为片状肠衣和筒状肠衣。

四、任务分析

(一)影响腌肉制品色泽的因素

1. 亚硝酸盐的使用量

为保证肉呈红色,亚硝酸盐的最低用量为 0.05 g/kg。亚硝酸盐的使用量直接影响肉制品发色程度。用量不足时,颜色淡而不均匀;用量过大时,能使血红素物质中的卟啉环的甲炔键硝基化,生成绿色的衍生物。

2. 肉的 pH 值

最适宜的 pH 值范围为 5.6~6.0。pH 值低,亚硝酸盐的消耗量增大,又容易引起绿变。pH 值高,肉色就淡,特别是为了提高肉制品的持水性,常加入碱性磷酸盐,加入后常造成 pH 值向中性偏移,往往使呈色效果不好。

3. 温度

肉经过烘烤、加热后,反应速度加快。生肉呈色反应比较缓慢,如果配好料后不及时处理,生肉就会褪色,特别是灌肠机中的回料,会因发生氧化作用而褪色,这就要求制馅后的半成品迅速加工,及时加热。

4. 添加剂

维生素 C 有助于发色,并在贮藏时起护色作用;蔗糖和葡萄糖由于其还原作用,可影响肉色强度和稳定性;加烟酸、烟酰胺也可形成比较稳定的红色;有些香辛料如丁香对亚硝酸盐还有消色作用。

5.其他因素

微生物作用、光照时间等因素也会影响腌肉色泽的稳定性。

(二)腌制方法

肉类腌制的方法可分为干腌法、湿腌法、盐水注射法及混合腌制法4种。

1.干腌法

干腌法腌制时间较长,食盐进入深层的速度缓慢,很容易造成肉的内部变质。但腌制品有独特的风味和质地。

2.湿腌法

湿腌法是将原料肉浸泡在预先配制好的腌制溶液中,通过扩散和水分转移,让腌制剂渗入肉内部,并获得比较均匀的分布。湿腌法蛋白质流失多,含水量多,不宜保藏。

3.盐水注射法

盐水注射法是采用针头向原料肉中注射盐水。用盐水注射法可以缩短腌制时间(如72 h可缩至8 h),提高生产效率,降低生产成本,但是其成品质量不及干腌制品,风味略差。为进一步加快腌制速度和盐液吸收程度,注射后通常采用按摩或滚揉操作,以提高制品保水性,改善肉质。

4.混合腌制法

混合腌制法是干腌法和湿腌法相互补充的一种方法。混合腌制法可避免湿腌液因食品水分外渗而降低浓度,还可避免干腌及时溶解外渗水分的不足;也可防止干腌引起肉品表面发生脱水现象和湿腌引起的内部发酵或腐败现象。

(三)腊肠制作工艺及操作要点

1.配方

以100 kg原料肉计算,加入各种辅料。瘦肉70 kg,肥肉30 kg,食盐2.5 kg,白酒2.5 kg,白糖7 kg,酱油5 kg,亚硝酸钠15 g。

2.工艺流程

原料选择→预处理→配料→搅拌→腌制→灌制→烘烤→包装。

3.操作要点

(1)原料选择。选用经检疫检验合格的新鲜猪肉。瘦肉采用臀腿部位肉,去除筋腱、骨头、皮等;肥肉采用背腰部硬脊膘。分割好的肉尽量肥瘦分明。

(2)预处理。将肥瘦肉分别手工制粒,瘦肉0.4~1 cm³见方,肥肉切成0.6 cm³见方。肥肉丁用60~80 ℃的热水冲洗浸烫10 s,并不断搅动,再用凉水淘洗,以除去浮油及杂质,沥干水分待用,肥瘦肉分别存放。

(3)配料。按配方计算称量。

(4)搅拌。将预处理后的肥瘦肉丁与定量的辅料混合,可在搅拌时逐渐加入20%左右的温水,搅拌均匀后静置 30 min。

（5）腌制。瘦肉变成内外一致的鲜红色，手触有坚实感，不绵软，即腌制完成。此时加入白酒拌匀，即可灌制。

（6）灌制。选用猪小肠衣，灌制松紧适度，间距 28 cm，用麻绳结扎。用排气针刺孔，排除空气。放在 60～70 ℃水中漂洗，再于冷水中摆动几次后，挂在竿上。

（7）烘烤。温度 55～60 ℃，时间 72 h，烘烤之后晾挂到通风良好的场所风干 10～15 天即为成品。

（8）包装。用真空包装机包装。

五、任务布置

总体任务				
任务 1　每个小组各制作 1 kg 腊肠。				
任务 2　根据成品计算腊肠的出品率。				
任务 3　核算腊肠的生产成本。				
任务 4　根据成品总结质量问题及生产控制方法。				
任务 5　完成腊肠制作任务单。				
任务分解				
步骤	教学内容及能力/知识目标	教师活动	学生活动	时间
1	能查找腊肠生产国家标准。	1.明确生产任务。	1.接受教师提出的工作任务，聆听教师关于腌制方法的讲解。	35 min
		2.将任务单发给学生。	2.通过咨询车间主任（教师扮演）确定生产产品的要求。	
		3.采用 PPT 讲解腌制、干制方法和生产要点。	3.通过查阅资料，填写任务单部分内容。	
2	学习制作腊肠所用的仪器设备：1.能使用制作腊肠所用的工具和设备。2.能对工具和设备进行清洗与维护。	1.为学生提供所需刀具、器具和设备，并提醒学生安全注意事项。	1.根据具体的生产任务和配方的要求，选择合适的工具及腌制设备。	10 min
		2.为学生分配原料肉；接受学生咨询，并监控学生的讨论。	2.分成 6 个工作小组，并选出组长。	

续表

步骤	教学内容及能力/知识目标	教师活动	学生活动	时间
3	制订生产计划： 1. 能够掌握腊肠生产计划的制订。 2. 能学会与小组成员默契配合。	1. 审核学生的生产计划。 2. 对各生产环节提出修改意见。 3. 接受学生咨询并监控学生讨论。	1. 以小组讨论协作的方式，制订生产计划。 2. 将制订的生产计划与教师讨论并定稿。	15 min
4	腊肠制作： 1. 能配合小组成员完成腊肠的生产。 2. 对腊肠生产中出现的质量问题能进行准确描述。 3. 能掌握腊肠生产工艺流程。	1. 监控学生的操作并及时纠正错误。 2. 回答学生提出的问题。 3. 对学生的生产过程进行检查。	1. 用刀具修整。 2. 用灌肠机进行灌制。 3. 手工进行系绳。 4. 在任务单中记录工艺数据。	190 min
5	计算腊肠出品率、成本： 1. 能对成品进行评定。 2. 能计算成品出品率及生产成本。	1. 讲解成品出品率及成本核算的方法。 2. 监控学生的操作并及时纠正错误。 3. 回答学生提出的问题。	1. 学习成品出品率及成本的核算方法。 2. 评定产品是否符合生产要求。 3. 计算本组制作的腊肠出品率及生产成本。	25 min
6	产品评价： 1. 能客观评价自我工作及所做的产品。 2. 对其他小组产品能做出正确评价。	1. 对各小组工作进行综合评估。 2. 提出改进意见和注意事项。	1. 以小组讨论方式进行产品评价。 2. 根据教师提出的意见修改生产工艺条件。	10 min
7	考核	明确考核要点	参与腊肠工艺考核	60 min
8	管理	分配清洁任务	参与清场	15 min
作业	独立完成任务单和报告单上的总结和习题			
课后体会				

六、工作评价

对照腊肠成品进行评价,完成报告单。

<table>
<tr><td colspan="4" align="center">腊肠制作报告单</td></tr>
<tr><td>姓名:_____</td><td>专业班级:_____</td><td>学号:_____</td><td>组别:_____</td></tr>
</table>

一、任务目标

1.通过任务,使学生学会腊肠的加工原理与方法。

2.掌握腊肠加工的操作要点。

3.锻炼学生的动手能力及团队合作意识。

二、课堂习题

1.叙述广式腊肠、福建腊肠、四川腊肠和哈尔滨腊肠各有什么特点。

2.腊肠保质期受哪些因素影响?

3.简述腌腊制品的特点及营养价值。

4.腌制过程中糖和异抗坏血酸钠分别起到哪些作用?

5.腊肠制作中烘烤温度为什么要保持恒定?

三、方法步骤

1.工艺流程:

2.操作要点:

(1)原料选择:

(2)预处理:

(3)配料:

续表

腊肠制作报告单
姓名：＿＿＿＿＿ 专业班级：＿＿＿＿＿＿ 学号：＿＿＿＿＿ 组别：＿＿＿＿＿

（4）制馅：

（5）灌制：

（6）烘烤：

（7）包装：

四、注意事项

1.

2.

3.

4.

5.

6.

五、结果分析

六、完成情况

续表

腊肠制作报告单
姓名：_____ 专业班级：_____ 学号：_____ 组别：_____
七、心得体会
八、不足与改进
九、教师点评 _____ _____

七、实践回顾

1. 优质的腊肠色泽光润、瘦肉粒呈自然红色或枣红色;脂肪雪白、条纹均匀、不含杂质;手感干爽、肠衣紧贴、结构紧凑、弯曲有弹性;切面肉质光滑无空洞、无杂质、肥瘦分明、质感好;腊肠切面香气浓郁,肉香味突出。

2. 劣质的腊肠色泽暗淡无光,肠衣内肉粒分布不均匀,切面肉质有空洞,肠体松软无弹性,且带黏液,有明显酸味或其他异味。

3. 肠衣质地要求色泽洁白、厚薄均匀、不带花纹、无砂眼等。

4. 搅拌好的肉馅不要久置,必须迅速灌制,否则瘦肉丁很快会变成褐色,影响成品质量。

5. 烘烤过程中有胀气处应针刺排气。

八、课后作业

1. 与市场销售的腊肠进行对比,找出自己制作的腊肠存在的不足与优点。

2. 各小组课余时间尝试与其他省市腊肠的制作过程相互比较,进行总结。

项目二

酱卤熏烤肉制品生产与质量控制

任务一 五香牛肉制作

【知识目标】

1.能掌握五香牛肉生产工艺流程；

2.能说出五香牛肉生产工艺操作要点；

3.能查找五香牛肉生产工艺国家标准。

【技能目标】

1.能使用五香牛肉生产工具、设备并维护；

2.能对五香牛肉生产工艺中出现的质量问题提出整改建议；

3.能独立完成五香牛肉制作并核算产品出品率；

4.能配合小组成员对成品进行客观评价和总结。

一、工作条件

通过预煮、蒸煮、熏烤，可以使酱卤熏烤肉制品从生变熟，赋予肉制品特有的风味、色泽、弹性和营养价值，同时起到杀死微生物和寄生虫、提高肉制品保质期的作用。酱卤熏烤肉制品生产所用的相关设备有：夹层锅、螺旋式连续预煮机和烟熏设备。

（一）蒸煮设备

蒸煮指以热水为传热介质，在 100 ℃以下较低温度进行加热的加工。蒸煮是大部分西式肉制品必须经过的加工环节。一般蒸煮温度为 72~80 ℃。在中式肉制品的加工中，也有很多特别的蒸煮工艺，如炖、卤、煮等。蒸煮设备结构原理很简单，大都是一个容器，有加热装置和温度控制装置。常用的有夹层锅和螺旋式连续预煮机。

1.夹层锅

夹层锅也称二重锅、双重釜。夹层锅有固定式和可倾式两种。

固定式：由锅体、蒸汽进管、冷凝水出口、物料出口、锅盖等组成。蒸汽直接从半球锅体进入夹层锅中，冷凝水出口也不在最底部（因最底部开有出料口），出料从下部阀门排出，如图 2-1 所示。

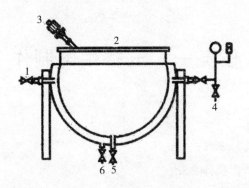

图 2-1 固定式夹层锅

1.不凝气体出口;2.锅盖;3.搅拌器;4.蒸汽进管;5.物料出口;6.冷凝水出口

可倾式:由锅体、填料盒、蒸汽进管、冷凝水出口、压力表、倾倒装置、安全阀等组成。蒸汽从支架处填料盒进入夹层锅,冷凝水出口从另一端填料盒进入夹层锅最底部,出料靠锅体倾斜。

倾倒装置包括一对具有手轮的蜗轮蜗杆组成,如图 2-2 所示。

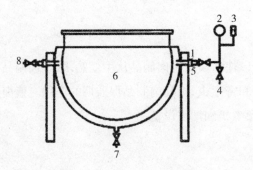

图 2-2 可倾式夹层锅

1.蜗轮;2.压力表;3.安全阀;4.蒸汽进管;5.手轮;6.锅体;7.不凝气体出口

2.螺旋式连续预煮机

从流送槽输送来的原料,进到贮存桶中,经斗式提升机输送到螺旋预煮机进料口中。落入料斗中的物料进到筛网圆筒里,由于螺旋旋转而把物料从进料口输送至出料转斗中卸出到斜槽,然后流送到冷却槽去。物料在筛网圆筒内受热而预煮。中心轴由电动机和变速装置传动。

螺旋式连续预煮机结构如图 2-3 所示。

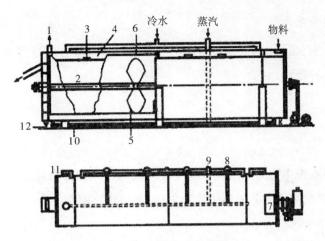

图2-3 螺旋式连续预煮机

1.排气口;2.螺旋轴;3.铰带;4.机壳;5.螺旋叶片;6.筛网圆筒;7.进料口;8.重锤;9.进水管;

10.蒸汽进管;11.溢流管;12.排水管

(二)烟熏设备

烟熏、干燥是很多高档特色肉制品如培根肉、萨拉米香肠、金华火腿等的特色工艺。最初烟熏、干燥主要是为了防腐,随着冷藏技术的发展,烟熏、干燥工艺成为一种赋予产品特殊风味的手段。按照烟熏发烟方法的不同,可以把烟熏设备分为直火烟熏式设备和间接式烟熏设备两类。

(三)烟熏设备操作注意事项

1.烟熏室内悬吊制品应适量

悬吊制品过多,导致制品之间或制品与室壁之间过密或碰撞,使烟无法通过,制品出现斑驳,影响外观。还会出现温度不均,部分制品过热的现象,导致脂肪融化,产生制品损耗,使制品质量下降。烟熏室内的制品量过少,会加快温度变化,使制品易产生烟熏环。

2.制品悬吊的位置要适当

烟熏室内不同位置受烟量不同,一般接近门口处受烟少,越往里受烟越多,因此在放置制品时必须考虑在烟熏过程中调整制品的位置,达到均等的烟熏效果。

3.烟熏前除去制品表面的水分

如果送入烟熏室内时制品表面有大量水分,则会使制品表面干燥不充分,给制品形状带来很大影响。

4.烟熏时温度应适宜

烟熏时温度过低,会得不到预期的烟熏效果,影响制品的质量。但如果温度过高,则会由于脂肪融化以及肉的收缩,达不到制品质量要求。同时烟熏时应特别注意的是绝对不要有火苗出现。

5.烟熏后取出制品放在不通风的地方冷却

如果继续放置在烟熏室内使其冷却,会引起收缩,影响外观。

6.烟熏材料使用单一硬木

烟熏材料可以是锯末,也可以是木屑,相比之下木屑用起来较方便。选择容易洗干净的木材,室内烟成分过多会带来各种困难。

二、情境导入

某专卖店近几天的五香牛肉总是出现短期变质现象,面对损失,公司领导要求查找原因。作为生产人员,应掌握五香牛肉的生产工艺及质量控制方法,方可解决问题。

三、相关链接

肉的食用品质及物理特性主要包括:肉的色泽(颜色)、气味、嫩度、保水性、容重、比热、导热系数等。这些物理特性都与肉的形态结构、动物种类、年龄、性别、肥度、部位、宰前状态、冻结的程度等因素有关,影响肉在加工过程中的工艺参数和肉制品质量。

(一)肉的颜色

肉的颜色影响肉的感观和商品价值。正常新鲜肉色为红色,其深浅程度受很多因素的影响。如果是微生物引起的色泽变化,则影响肉的卫生质量。

1.形成肉颜色的物质

肉的颜色由肌肉中肌红蛋白和血红蛋白决定。肌红蛋白为肉自身的色素蛋白,肉色的深浅与其含量多少有关。血红蛋白存在于血液中,对肉颜色的影响根据屠宰过程放血是否充分而定。放血不充分,肉中血液残留多,则血红蛋白含量多,肉色深;放血充分,肉色正常。

2.影响肉颜色的内在因素

(1)动物种类、年龄及部位。猪肉一般为鲜红色,牛肉为深红色,马肉为紫红色,羊肉为浅红色,兔肉为粉红色。老龄动物肉色深,幼龄动物肉色淡。生前活动量大的部位肉色深。

(2)肌红蛋白的含量。肌红蛋白多则肉色深,含量少则肉色淡,其量因动物种类、年龄及肌肉部位不同而异。

(3)血红蛋白的含量。在肉中血液残留多则血红蛋白含量多,肉色深。放血充分的肉色正常,放血不充分或不放血(冷宰)的肉色深且暗。

3.影响肉颜色的外部环境因素

(1)环境中的氧含量。环境中的氧含量决定肌红蛋白是形成氧合肌红蛋白还是高铁肌红蛋白。氧充足则肉色氧化快,如真空包装的分割肉,由于缺氧呈暗红色,当打开包装后,接触空气很快变成鲜艳的亮红色。通常含氧量高于15%时,肌红蛋白才能被氧化为高铁肌红蛋白。

(2)湿度。环境中湿度大,因在肉表面有水汽层,影响氧的扩散,氧化速度慢。如果湿度低且空气流速快,则加速高铁肌红蛋白的形成。

（3）温度。环境温度高则促进氧化，加速高铁肌红蛋白的形成，如牛肉在 3~5 ℃贮藏 9 天会变成褐色，0 ℃时贮藏 18 天才会变成褐色。因此为了防止肉褐变氧化，应尽可能在低温下贮藏。

（4）pH 值。动物在宰前糖原消耗过多，尸僵后肉的极限 pH 值升高，易出现生理异常肉，牛肉颜色较正常肉深，而猪肉会变得苍白。

（5）微生物的作用。贮藏时微生物污染也会改变肉表面的颜色。细菌污染，会分解蛋白，质使肉色污浊；霉菌污染，则会在肉表面形成白色、红色、绿色、黑色等色斑或产生荧光。

（二）肉的风味

肉的风味是肉中固有成分经过复杂的生物化学变化，产生各种有机化合物所致，包括肉制品的香气和滋味。

（三）肉的保水性

1.保水性的概念

肉的保水性也称持水性、系水性，指肉在压榨、加热、切碎、搅拌等外界因素的作用下保持原有水分的能力，或在向其中添加水分时的水合能力。肉的保水性是一项重要的肉质性状，对肉品加工的质量和数量有很大影响。

2.影响肉的保水性的主要因素

（1）pH 值。当 pH 值在 5.0 左右时，保水性最低。保水性最低时的 pH 值几乎与肌球蛋白的等电点一致。如果稍稍改变 pH 值，就可引起保水性的很大变化。任何影响肉 pH 值变化的因素或处理方法均可影响肉的保水性，尤其以猪肉为甚。在肉制品加工中常用添加磷酸盐的方法来调节 pH 值至 5.8 以上，以提高肉的保水性。

（2）动物本身因素。畜禽种类、年龄、性别、饲养条件、肌肉部位及屠宰前后处理等，都是影响原料肉保水性的直接因素。在各种畜禽肉中，兔肉＞牛肉＞猪肉＞鸡肉＞马肉。就年龄和性别而论，去势牛＞成年牛＞母牛，幼龄＞老龄。根据肉的部位，猪的冈上肌＞胸锯肌＞腰大肌＞半膜肌＞股二头肌＞臀中肌＞半腱肌＞背最长肌。

（3）宰后肉的变化。保水性的变化是肌肉在成熟过程中最显著的变化之一。刚屠宰的肉保水性很高，当 pH 值降至 5.4~5.5，达到了肌原纤维的主要蛋白质肌球蛋白的等电点，即使没有蛋白质的变性，其保水性也会降低，僵直期后（1~2 天），肉的水合性徐徐升高，保水性增加。

（4）金属离子。肌肉中的金属离子如 Ca^{2+}、Mg^{2+}、Zn^{2+}、Fe^{2+} 等都会影响肉的保水性。

（5）添加剂。在加工过程中，可以通过添加食盐和磷酸盐来提高肉的保水性。通常肉制品中食盐添加量在 3% 左右。

（四）肉的嫩度

肉的嫩度是指人们食用时对肉的咀嚼、撕裂或切割的难易程度，及咀嚼后口腔残留肉渣的大小、多少的总体感觉，表明了肉在被咀嚼时柔软、多汁和容易嚼烂的程度。影响肉嫩度的因素包括：

（1）畜龄。成年动物胶原蛋白的交联程度高，不易受热和酸、碱等的影响。幼龄家畜的肉比老龄家畜嫩,其原因在于幼龄家畜肌肉中胶原蛋白的交联程度低,易受加热作用而裂解。

（2）营养状况。肌肉脂肪有冲淡结缔组织的作用,而消瘦动物的肌肉脂肪含量低,肉质老。营养良好的家畜,肌肉脂肪含量高,大理石纹丰富,肉的嫩度好。

（3）尸僵和成熟。宰后尸僵发生时,肉的嫩度会大大降低,僵直解除后,随着成熟的进行,硬度降低,嫩度随之提高。

（4）屠宰工艺。肌纤维本身的肌节联结状态对嫩度影响较大。肌节越长,肉的嫩度越好,用胴体倒挂等方式来增长肌节是提高嫩度的重要方法之一。

（5）加热处理。大部分肉经加热蒸煮后,肉的嫩度有很大改善。但牛肉在加热时一般是硬度增加,这是肌纤维蛋白质遇热凝固收缩,使单位面积上肌纤维数量增多所致。但肉熟化后,其总体嫩度明显增加。

（6）pH 值。肉的嫩度还受 pH 值的影响。pH 值在 $5.0 \sim 5.5$ 时,肉的韧度最大,而偏离这个范围,则嫩度增加,这与肌肉蛋白质等电点有关。

由于肉的嫩度是衡量肉品质的重要指标,在生产上提高肉品嫩度的常用措施有:电刺激法、蛋白酶处理法、醋渍法、碱嫩化法和压力法。

四、任务分析

（一）调味

调味就是根据不同品种、不同口味加入不同种类或数量的调料,加工成具有特定风味的产品。根据加入调料的作用和时间大致分为基本调味、定性调味和辅助调味 3 种。

（二）煮制

煮制是酱卤制品加工中主要的工艺环节,其对原料肉实行热加工的过程中,使肌肉收缩变形,降低肉的硬度,改变肉的色泽,提高肉的风味,达到熟制的作用。加热的方式有水加热、蒸汽加热、油加热等,通常采用水加热煮制。在酱卤制品加工中煮制方法包括清煮和红烧。

（三）煮制火力

在煮制过程中,根据火焰的大小、强弱和锅内汤汁情况,可分为大火、中火、小火 3 种。

火力的运用对酱卤制品的风味及质量有一定的影响,除个别品种外,一般煮制初期用大火,中后期用中火和小火。大火烧煮的时间通常较短,其主要作用是尽快将汤汁烧沸,使原料初步煮熟。中火和小火烧煮的时间一般比较长,其作用是使肉品变得酥润可口,同时使配料渗入肉的深部。加热时火候和时间的掌握对肉制品质量有很大影响,需特别注意。

（四）烟熏的目的

1. 形成特有的烟熏味。
2. 使肉制品受热脱水,可增强产品的贮存期。

3. 使肉制品颜色呈棕褐色。

4. 使产品对微生物的作用更稳定。

(五)烟熏成分及其作用

熏制的实质就是制品吸收木材分解产物的过程。熏烟是由气体、液体(树脂)和固体微粒组合而成的混合物,因此木材的分解产物是烟熏作用的关键。

熏烟的成分很复杂,现已从木材产生的熏烟中分离出来200多种化合物,其中常见的化合物为:酚类、醇类、羰基类化合物、有机酸类和烃类等。

1. 酚类

酚类在熏烟中有20种之多,酚类在熏制中的作用是:

(1)抗氧化。

(2)使制品产生特有的烟熏风味。

(3)抑菌防腐。

2. 羰基类化合物

羰基类化合物可使熏制品形成烟熏风味并使肉制品呈棕褐色。羰基类化合物主要是酮类和醛类,存在于蒸汽蒸馏中,也存在于熏烟的颗粒上。

3. 醇类

醇类的作用主要是作为挥发性物质的载体,种类有甲醇、伯醇、仲醇等。醇类的杀菌效果很弱,对风味、香气并不起主要作用。

4. 有机酸类

有机酸类有促使熏制品表面蛋白质凝固的作用,熏烟组成中存在1~10个碳的简单有机酸。对熏制品的风味影响较小,防腐作用也较弱。

5. 烃类

熏烟中有许多环烃类,其中有害成分以3,4-苯并芘为代表,是强致癌物质,会随着温度的升高而增加。为减少熏烟中的3,4-苯并芘,提高熏制品的卫生质量,对发烟时燃烧温度要控制,把生烟室和烟熏室分开,将生成的熏烟在引入烟熏室前用其他方法加以过滤,然后通过管道把熏烟引进烟熏室进行熏制。

(六)五香牛肉制作工艺及操作要点

1. 工艺流程

原料选择与整理→调酱→装锅→酱制→成品。

2. 配料

牛肉50 kg、干黄酱5 kg、盐1.85 kg、丁香150 g、豆蔻75 g、砂仁75 g、肉桂100 g、白芷75 g、八角150 g、花椒100 g。

3. 操作要点

（1）原料选择与整理。选用符合卫生要求的优质牛肉，用清水冲洗干净，控净血水除去杂质、血污等，切成 750 g 左右的方肉块。

（2）调酱。加一定量的水（以能淹没牛肉 6 cm 为合适）和黄酱，旺火烧沸 1 h，撇去上浮酱沫，去除酱渣。

（3）装锅。按不同部位和肉质老嫩，将牛肉分别放入锅内（结缔组织较多且肉质坚韧的肉放在底层，结缔组织少且肉较嫩的放在上层），然后倒入调好的酱液和各种辅料。

（4）酱制。大火煮制 20 min 左右，煮制过程中，撇出浮物，每隔 30 min 倒锅 1 次，再加入适量老汤和食盐，肉块必须浸入汤中，改用小火焖煮 1 ~ 1.5 h，使香味渗入肉内。出锅时应保持肉块完整，将锅内余汤冲洒在肉块上，即为成品。

（5）成品。成品充分冷却后，可以进行真空包装或冷冻保藏。

五、任务布置

总体任务				
任务 1　每个小组各制作 0.5 kg 五香牛肉。				
任务 2　根据成品计算五香牛肉的出品率。				
任务 3　核算五香牛肉的生产成本。				
任务 4　根据成品总结质量问题及生产控制方法。				
任务 5　完成五香牛肉制作任务单。				
任务分解				
步骤	教学内容及能力／知识目标	教师活动	学生活动	时间
1	能查找五香牛肉生产国家标准。	1. 明确生产任务。	1. 接受教师提出的工作任务，聆听教师关于酱卤方法的讲解。	35 min
		2. 将任务单发给学生。	2. 通过咨询车间主任（教师扮演）确定生产产品的要求。	
		3. 采用 PPT 讲解酱制、卤制方法和生产要点。	3. 通过查阅资料，填写任务单部分内容。	
2	学习制作五香牛肉所用的仪器设备： 1. 能使用制作五香牛肉所用的工具和设备。 2. 能对工具和设备进行清洗与维护。	1. 为学生提供所需刀具、器具和设备，并提醒安全注意事项。	1. 根据具体的生产任务和配方的要求，选择合适的工具及酱卤设备。	10 min
		2. 为学生分配原料肉；接受学生咨询，并监控学生的讨论。	2. 分成 6 个工作小组，并选出组长。	

续表

		任务分解		
步骤	教学内容及能力/知识目标	教师活动	学生活动	时间
3	制订生产计划： 1. 能够掌握五香牛肉生产计划的制订。 2. 能学会与小组成员默契配合。	1. 审核学生的生产计划。 2. 对各生产环节提出修改意见。 3. 接受学生咨询并监控学生讨论。	1. 以小组讨论协作的方式，制订生产计划。 2. 将制订的生产计划与教师讨论并定稿。	15 min
4	五香牛肉制作： 1. 能配合小组成员完成五香牛肉的生产。 2. 对五香牛肉生产中出现的质量问题能进行准确描述。 3. 能掌握五香牛肉生产工艺流程。	1. 监控学生的操作并及时纠正错误。 2. 回答学生提出的问题。 3. 对学生的生产过程进行检查。	1. 用刀具修整。 2. 用夹层锅进行酱制。 3. 手工进行切丁。 4. 在任务单中记录工艺数据。	70 min
5	计算五香牛肉出品率、成本： 1. 能对成品进行评定。 2. 能计算成品出品率及生产成本。	1. 讲解成品出品率及成本核算的方法。 2. 监控学生的操作并及时纠正错误。 3. 回答学生提出的问题。	1. 学习成品出品率及成本的核算方法。 2. 评定产品是否符合生产要求。 3. 计算本组制作的五香牛肉出品率及生产成本。	25 min
6	产品评价： 1. 能客观评价自我工作及所做的产品。 2. 对其他小组产品能做出正确评价。	1. 对各小组工作进行综合评估。 2. 提出改进意见和注意事项。	1. 以小组讨论方式进行产品评价。 2. 根据教师提出的意见修改生产工艺条件。	10 min
7	考核	明确考核要点	参与五香牛肉工艺考核	60 min
8	管理	分配清洁任务	参与清场	15 min
作业	独立完成任务单上的总结和习题			
课后体会				

六、工作评价

对照五香牛肉成品进行评价,完成报告单。

五香牛肉制作报告单

姓名:_____ 专业班级:_____ 学号:_____ 组别:_____

一、任务目标

1. 通过任务,使学生学会酱卤熏烤肉制品的加工原理与方法。

2. 掌握五香牛肉加工的操作要点。

3. 锻炼学生的动手能力及团队合作意识。

二、课堂习题

1. 调味有哪些作用?

2. 简述调味的方法。

3. 酱卤制品煮制时如何掌握火候?

4. 肉在煮制过程中发生哪些变化?

5. 酱制品和卤制品有何异同?

三、方法步骤

1. 工艺流程:

2. 操作要点:

(1)原料选择:

(2)预处理:

续表

五香牛肉制作报告单
姓名：_____ 专业班级：_____ 学号：_____ 组别：_____

（3）配料：

（4）调酱：

（5）煮制：

（6）冷却：

（7）包装：

四、注意事项

1.

2.

3.

4.

5.

6.

五、结果分析

六、完成情况

七、心得体会

续表

五香牛肉制作报告单			
姓名:_____ 专业班级:_____ 学号:_____ 组别:_____			
八、不足与改进 九、教师点评 _____ _____			

七、实践回顾

酱卤制品中,酱与卤两种制品特点有所差异,两者所用原料及原料处理过程相同,但在煮制方法和调味材料上有所不同,所以产品特点、色泽、味道也不相同。

1.在煮制方法上,卤制品通常将各种辅料煮成清汤后将肉块下锅以旺火煮制;酱制品则和各辅料一起下锅,大火烧开,文火收汤,最终使汤形成肉汁。

2.在调料使用上,卤制品主要使用盐水,所用香辛料和调味料数量不多,故产品色泽较淡,突出原料的原有色、香、味;酱制品所用香辛料和调味料的数量较多,故酱香味浓。

酱卤制品因加入调料的种类、数量不同又有很多品种,通常有五香制品、红烧制品、酱汁制品、糖醋制品、卤制品以及糟制品等。可以看出,酱卤制品的加工方法主要是两个过程:一是调味,二是煮制(酱制)。

八、课后作业

1.试述1~2种当地消费者喜欢的酱卤制品加工方法。

2.举例说明1~2种消费者喜欢的熏烤肉制品的加工工艺及操作要点。

任务二　烧鸡制作

【知识目标】

1.能掌握烧鸡生产工艺流程；

2.能说出烧鸡生产工艺操作要点；

3.能查找烧鸡生产工艺国家标准。

【技能目标】

1.能使用烧鸡生产工具、设备并维护；

2.能对烧鸡生产工艺中出现的质量问题提出整改建议；

3.能独立完成烧鸡制作并核算产品出品率；

4.能配合小组成员对成品进行客观评价并总结。

一、工作条件

烧鸡属于酱卤熏烤类制品，以禽肉为加工原材料，原材料或成品在生产及保藏中都会使用冷冻保藏方法，速冻设备主要有直接冻结设备和间接冻结设备。直接冻结设备有浸渍式和喷淋式；间接冻结设备有吹风式和接触式。

（一）吹风式快速冻结设备

吹风式冻结设备是利用空气作流动介质进行冻结的设备，是目前速冻食品行业的主要冻结设备，如图 2 - 4 所示。

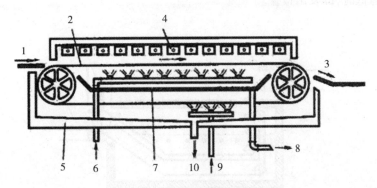

图 2 - 4　吹风式冻结设备示意图

1.进料口；2.钢质传送带；3.出料口；4.空气冷却器；5.隔热外壳；

6.盐水入口；7.盐水收集器；8.盐水出口；9.洗涤水入口；10.洗涤水出口

（二）接触式快速冻结设备

接触式冻结又叫平板冻结，是一种常用的速冻方法。

接触式冻结装置有卧式和立式两种,图2-5为卧式平板冻结机示意图。

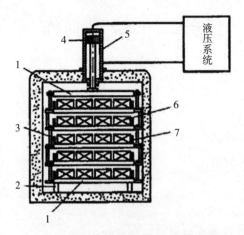

图2-5 卧式平板冻结机

1.冻结平板;2.支架;3.连接铰链;4.液压元件;5.液压缸;6.食品;7.木垫块

(三)浸渍式快速冻结设备

浸渍式快速冻结是将食品直接与温度很低的液体冷媒接触,从而实现快速冻结,食品与液体冷媒直接接触,传热效果好。

浸渍式快速冻结设备主要分上下两部分,上部装有给料装置、提升装置、传送装置和隔热结构,下部设排气管道,以排出大量蒸发气体。设备底架采用高强度不锈钢,并带有调节螺栓,方便调节。传动轴等部件均采用绝热处理或镀聚四氟乙烯。围护结构进出口设置三道,防止跑冷。液氨的液面控制采用液位计控制,传送带调速采用变频调速,可以按不同产品调整不同运行速度,设备还配备了报警系统,主要用于设备的正常运行监视,当设备主要部件发生故障时能及时告示管理人员,如运行不正常、液位过高或过低时,即发出报警。

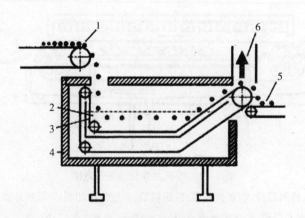

图2-6 浸渍式快速冻结设备

1.进料口;2.液氮;3.传送带;4.隔热箱体;5.出料口;6.氮气出口

（四）喷淋式快速冻结设备

该设备利用超低温制冷剂的喷雾实现制冷,如使用压缩液氮、二氧化碳等喷淋冻结。利用此设备制成的速冻食品,其水分为微细的冰晶,而细胞组织破坏少,其产品品质上乘。喷氮式快速冻结设备主要分3个区段,即预冷区、喷氮区、冻结区。产品进入预冷区,在高速氮气流吹冲下表层迅速冻结,而后进入喷氮区,液氮直接喷淋在产品上汽化蒸发,吸收大量热量使产品继续冻结,最后在冻结区内冻结到温度中心点为 −18 ℃。设备的传送机构一般设置单流程或三流程,即一条传送带或三条传送带,当设备长度相同时三流程冻结能力为单流程的 3 倍。传送带采用无级调速,可以任意选择传送速度;设备结构均采用不锈钢;风机采用高强度轴,以保证低温情况下正常运行,并装设长效单列滚珠轴承。

二、情境导入

春节临近,烧鸡受到青睐,销售部门要求追加生产量,所以作为生产者,要熟练掌握烧鸡生产工艺,以便更加高效地完成任务。

三、相关链接

畜禽屠宰后,在组织酶和外界微生物的作用下,胴体的肌肉内部发生了一系列变化,首先使肉变得柔软、多汁,并产生特殊的滋味和气味,这一过程称为肉的成熟。成熟肉在不良条件下贮存,经酶和微生物的作用,分解变质称作肉的腐败。畜禽屠宰后肉的变化为:尸僵、成熟、腐败等。在肉品工业生产中,要控制尸僵、促进成熟、防止腐败。

（一）尸僵

尸僵是由于肌肉纤维的收缩引起的,但这种收缩是不可逆的。尸僵指畜禽屠宰后的胴体伸展性逐渐消失,由弛缓变为紧张,无光泽,关节不能活动,呈现僵硬状态的现象。以下是尸僵的变化:

1. ATP 的变化

畜禽屠宰后,由于停止呼吸,正常生理代谢机能被破坏,维持肌质网微小器官机能的 ATP 水平降低,导致肌质网机能失常,肌小胞体失去钙泵作用,Ca^{2+} 失控逸出而不被收回。高浓度的 Ca^{2+} 激发了肌球蛋白 ATP 酶的活性,从而加速 ATP 的分解。

2. pH 值的变化

畜禽经屠宰后,糖原分解为乳酸,同时磷酸肌酸分解为磷酸,造成肉的 pH 值下降。pH 值越低,肉的硬度越大。

3. 冷收缩

宰后肌肉的收缩速度和温度有关,肉在低温条件下产生急剧收缩的现象称为冷收缩。红肌肉会比白肌肉出现更多的冷收缩,以牛肉最为明显。

冷收缩最小的温度范围:牛肉为14～19℃,禽肉为12～18℃。因此牛肉与禽肉冷却时应避开冷收缩区的时间和温度(温度低于10℃,时间在12 h之内)。

(二)成熟

1.成熟肉的概念及特征

肉的成熟是指肌肉达到最大僵直以后,在无氧酵解酶作用下继续发生一系列生物化学变化,逐渐使僵直的肌肉变得柔软多汁,并获得细致的结构和美好的滋味的一种生物化学变化过程。

2.成熟对肉质的作用

(1)嫩度的改善。经过肉的成熟,肉的嫩度有所改善。刚屠宰之后肉的嫩度最好,但随着尸僵的形成,嫩度下降,在极限pH值时嫩度最差。

(2)肉保水性的提高。畜禽宰后2～4天,pH值下降,保水性下降,极限pH值在5.5左右,水合率仅为40%~50%;最大尸僵期以后pH值为5.6～5.8,水合率可达60%。肉成熟时pH值偏离了等电点,肌球蛋白解离,扩大了空间结构和极性吸引,使肉的吸水能力增强,保水性得到提高。

(3)蛋白质的变化。在成熟过程,肉中的酶类对蛋白质具有分解作用,蛋白质在酶的作用下,肽链解离,使游离的氨基增多,同时促进肌肉中盐溶性蛋白质的浸出性增加,使肉变得柔嫩多汁。

(4)风味的改善。肉成熟过程中蛋白质分解为氨基酸,肉中浸出物和游离氨基酸的含量增加,这些氨基酸都具有增加肉的滋味或改善肉质香气的作用。

(三)影响肉成熟的因素

1.物理因素

温度、电刺激、机械作用是影响肉成熟的物理因素。

2.化学因素

宰前注射肾上腺素、胰岛素等使动物在活体时加快糖的代谢过程,肌肉中糖原大部分被消耗或从血液排除。宰后肌肉中糖原和乳酸含量减少,肉的pH值较高,达到6.4～6.9的水平,肉始终保持柔软状态。

3.生物学因素

添加蛋白酶可促进其软化。用微生物和植物酶,可使固有硬度和尸僵硬度都减少,常用的有木瓜蛋白酶、菠萝蛋白酶。

(四)异常肉

所谓异常肉是与正常肉相对而言的,它不是腐败变质肉,而是屠宰工艺条件或贮藏环境造成的肉品质量降低的肉,常见的有PSE肉和DFD肉。

(五)肉的腐败变质

造成肉腐败变质的原因很多,如温度、湿度、pH值、渗透压、环境中的含氧量等。温度是影响微生物生长繁殖的重要因素,温度越高微生物生长繁殖越快。健康动物的血液和肌肉通常是无菌的,造成肉品腐败变质的微生物主要来自外部环境。

肉类完成成熟后,应及时终止,若成熟继续进行,肌肉中的蛋白质在组织酶的作用下,会进一步水解,生成胺、氨、硫化氢、酚、吲哚、粪嗅素、硫化醇,发生腐败。同时发生脂肪的酸败和糖的酵解,产生对人体有害的物质,称之为肉的腐败变质。

四、任务分析

烧鸡是酱卤熏烤类肉制品中的代表产品之一,产品做法多样,不同地区的加工方法各有特色,工艺包括:油炸、煮制、酱制、盐焗等等。

(一)道口烧鸡制作工艺及操作要点

道口烧鸡产于河南滑县道口镇,创始人张丙,距今已有几百年的历史,经后人长期在加工技术中革新,使其成为我国著名的特产,广销四方,驰名中外,制品冷热食均可,属方便风味制品。

1. 工艺流程

原料选择→宰杀开剖→撑鸡造型→油炸→煮制→出锅→成品。

2. 配料

100 只鸡(质量 100～125 kg),食盐 2～3 kg,硝酸钠 18 g,桂皮 90 g,砂仁 15 g,草果 30 g,良姜 90 g,肉豆蔻 15 g,白芷 90 g,丁香 5 g,陈皮 30 g,蜂蜜或麦芽糖适量。

3. 工艺及操作要点

(1)原料选择。选择质量为 1～1.25 kg 的当年健康土鸡。

(2)宰杀开剖。采用切断三管法放净血,刀口要小,放入 65 ℃左右的热水中浸烫 2～3 min,取出后迅速将毛褪净,切去鸡爪,从后腹部横开 7～8 cm 的切口,掏出内脏,割去肛门,洗净体腔和口腔。

(3)撑鸡造型。用尖刀从开膛切口伸入体腔,切断肋骨,切勿用力过大,以免破坏皮肤,用竹竿撑起腹腔,将两翅交叉插入腹腔,使鸡体成为两头尖的半圆形。造型后,清洗鸡体,晾干。

(4)油炸。在鸡体表面均匀涂上蜂蜜水或麦芽糖水(水和糖的比例是 2∶1),稍沥干后放入160 ℃左右的植物油中炸制 3～5 min,待鸡体呈金黄透红后捞出,沥干油。

(5)煮制。把炸好的鸡平整放入锅内,加入老汤。用纱布包好香料放入鸡的中层,加水浸没鸡体,先用大火烧开,再加入硝酸钠及其他辅料。然后改用小火焖煮 2～3 h 即可出锅。

(6)成品。待汤锅稍冷后,利用专用工具小心捞出鸡,保持鸡身不破不散,即为成品。

4. 质量标准

成品色泽鲜艳,黄里带红,造型美观,鸡体完整,味香独特,肉质酥润,有浓郁的鸡香味。

(二)德州扒鸡制作工艺及操作要点

德州扒鸡又称德州五香脱骨扒鸡,是山东省德州地方的传统风味特产。由于制作时慢焖至烂熟,出锅一抖即可脱骨,但肌肉仍是块状,故名"扒鸡"。

1. 工艺流程

原料选择→宰杀、整形→上色和油炸→焖煮→出锅捞鸡→成品。

2. 原料辅料

光鸡200只,食盐3.5 kg,酱油4 kg,白糖0.5 kg,小茴香50 g,砂仁10 g,肉豆蔻50 g,丁香25 g,白芷125 g,草果10 g,山奈75 g,桂皮125 g,陈皮50 g,八角100 g,花椒50 g,葱0.5 kg,姜0.25 kg。

3. 工艺及操作要点

(1)原料选择。选择健康的母鸡或当年的其他鸡,要求鸡只肥嫩,体重1.2~1.5 kg。

(2)宰杀、整形。颈部刺杀放血,切断三管,放净血后用65~75 ℃热水浸烫,捞出后立即褪净毛。冲洗后腹下开膛,取出内脏,用清水冲净鸡体内外,将鸡两腿交叉插入腹腔内,双翅交叉插入宰杀刀口内,从鸡嘴露出翅膀尖,形成卧体口含双翅的形态,沥干水后待加工。

(3)上色和油炸。用毛刷蘸取糖液(白糖加水煮成或用蜜糖加水稀释,按1:4比例配成)均匀地刷在鸡体表面。然后把鸡体放到烧热的油锅中炸制3~5 min,待鸡体呈金黄透红的颜色后立即捞出,沥干油。

(4)焖煮。香辛料装入纱布袋,随同其他辅料一齐放入锅内,把炸好的鸡体按顺序放入锅内排好,锅底放一层铁网可防止鸡体粘锅。然后放汤(老汤占总汤量一半),使鸡体全部浸泡在汤中,上面压上竹排和石块,防止汤沸时鸡身翻滚。先用旺火煮1~2 h,再改用微火焖煮,新鸡焖6~8 h,老鸡焖8~10 h即可。

(5)成品。停火后,取出竹排和石块,尽快将鸡用钩子和汤勺捞出。为了防止脱皮、掉头、断腿,出锅时动作要轻,把鸡平稳端起,以保持鸡身的完整,出锅后即为成品。

4. 质量标准

成品色泽金黄,鸡翅、鸡腿齐全,鸡皮完整,造型美观,肉质熟烂。趁热轻抖,骨肉自脱,五香味浓郁,口味鲜美。

五、任务布置

总体任务
任务1 每个小组各制作1只烧鸡,可参考任务分析中工艺流程。
任务2 根据成品计算成品的出品率。
任务3 核算成品的生产成本。
任务4 根据成品总结质量问题及生产控制方法。
任务5 完成烧鸡制作任务单。

任务分解				
步骤	教学内容及能力/知识目标	教师活动	学生活动	时间
1	能查找烧鸡生产国家标准。	1.明确生产任务。	1.接受教师提出的工作任务,聆听教师关于酱卤方法的讲解。	35 min
		2.将任务单发给学生。	2.通过咨询车间主任(教师扮演)确定生产产品的要求。	
		3.采用PPT讲解酱制、卤制方法和生产要点。	3.通过查阅资料,填写任务单部分内容。	
2	学习制作烧鸡所用的仪器设备: 1.能使用制作烧鸡所用的工具和设备。 2.能对工具和设备进行清洗与维护。	1.为学生提供所需刀具、器具和设备,并提醒学生安全注意事项。	1.根据具体的生产任务和配方的要求,选择合适的工具及酱卤设备。	10 min
		2.为学生分配原料肉;接受学生咨询,并监控学生的讨论。	2.分成6个工作小组,并选出组长。	
3	制订生产计划: 1.能够掌握烧鸡生产计划的制订。 2.能学会与小组成员默契配合。	1.审核学生的生产计划。	1.以小组讨论协作的方式,制订生产计划。	15 min
		2.对各生产环节提出修改意见。	2.将制订的生产计划与教师讨论并定稿。	
		3.接受学生咨询并监控学生讨论。		

续表

任务分解				
步骤	教学内容及能力 /知识目标	教师活动	学生活动	时间
4	烧鸡制作： 1. 能配合小组成员完成烧鸡的生产。 2. 对烧鸡生产中出现的质量问题能进行准确描述。 3. 能掌握烧鸡生产工艺流程。	1. 监控学生的操作并及时纠正错误。 2. 回答学生提出的问题。 3. 对学生的生产过程进行检查。	1. 用刀具修整。 2. 用夹层锅进行酱制。 3. 手工进行整形。 4. 在任务单中记录工艺数据。	100 min
5	计算烧鸡出品率、成本： 1. 能对成品进行评定。 2. 能计算成品出品率及生产成本。	1. 讲解成品出品率及成本核算的方法。 2. 监控学生的操作并及时纠正错误。 3. 回答学生提出的问题。	1. 学习成品出品率及成本的核算方法。 2. 评定产品是否符合生产要求。 3. 计算本组制作的烧鸡出品率及生产成本。	25 min
6	产品评价： 1. 能客观评价自我工作及所做的产品。 2. 对其他小组产品能做出正确评价。	1. 对各小组工作进行综合评估。 2. 提出改进意见和注意事项。	1. 以小组讨论方式进行产品评价。 2. 根据教师提出的意见修改生产工艺条件。	10 min
7	考核	明确考核要点	参与烧鸡工艺考核	60 min
8	管理	分配清洁任务	参与清场	15 min
作业	独立完成任务单上的总结和习题			
课后体会				

六、工作评价

对照烧鸡成品进行评价,完成报告单。

烧鸡制作报告单
姓名:＿＿＿＿＿＿　专业班级:＿＿＿＿＿＿＿＿　学号:＿＿＿＿＿＿＿　组别:＿＿＿＿＿＿

一、任务目标

1. 通过任务,使学生学会酱卤熏烤肉制品的加工原理与方法。

2. 掌握烧鸡加工的操作要点。

3. 锻炼学生的动手能力及团队合作意识。

二、课堂习题

1. 酱卤制品有哪些种类? 各有何特点?

2. 卤汁应如何贮藏?

3. 如何调制红卤?

4. 举例说明两种典型酱卤制品的加工方法。

5. 叙述你所在小组真实制作烧鸡时的工艺过程。

三、方法步骤

1. 工艺流程:

2. 操作要点:

(1)原料选择:

(2)预处理:

续表

烧鸡制作报告单
姓名：_____　专业班级：_____　学号：_____　组别：_____

(3)配料：

(4)造型：

(5)煮制：

(6)冷却：

(7)包装：

四、注意事项

1.

2.

3.

4.

5.

6.

五、结果分析

六、完成情况

续表

烧鸡制作报告单
姓名：_____ 专业班级：_____ 学号：_____ 组别：_____
七、心得体会
八、不足与改进
九、教师点评 _____ _____

七、实践回顾

各地烧鸡都有其不同特点,总体概括为:

1.具有味香浓郁、色香肉烂、咸淡适宜、口味纯正、久吃不腻、回味无穷等特点。

2.具有益肝健脾、滋阴补肾、强身健体之功效,是传统工艺与现代美食完美的结合。

3.具有特色的制作手法,使其色、香、味最终形成了自己多元化的独特风格。

4.以改善消费者餐桌质量为目标,发扬传统鸡肉的饮食文化习惯为职责,凭借所拥有的现代化生产技术,做具有中国特色的鸡肉加工技术。

5.精心选料、科学配方、精心制作,色、鲜、味、美、香酥可口、余味无穷,具有消食化气、开胃健脾、强筋健骨、养颜美容之功效。

6.外观靓丽金黄,表层酥脆,内里嫩滑,鲜香诱人。

7.独家的香料配方及快速入料法,多种配料及中草药成分,产品回味悠长,清香迷人。

八、课后作业

1.试述1~2种当地消费者喜欢的烧鸡加工方法。

2.总结小组制作烧鸡心得体会和注意事项。

项目三

干肉制品生产与质量控制

任务一 肉松制作

【知识目标】

1. 能掌握肉松生产工艺流程；

2. 能说出肉松生产工艺操作要点；

3. 能查找肉松生产工艺国家标准。

【技能目标】

1. 能使用肉松生产工具、设备并维护；

2. 能对肉松生产工艺中出现的质量问题提出整改建议；

3. 能独立完成肉松制作并核算产品出品率；

4. 能配合小组成员对成品进行客观评价并总结。

一、工作条件

肉制品干燥的目的：一是形成特殊的风味满足消费者的嗜好；二是减少产品中游离水的含量，降低水分活性，抑制微生物及酶的活性，延长产品保质期；三是可以减轻肉制品的质量，缩小体积，便于运输。肉制品的干燥设备可分为微波干燥和冷冻（升华）干燥两大类。

（一）微波干燥设备

微波是介于无线电波和光波之间的超高频电磁波。微波干燥具有加热、干燥时间比较短；对比较复杂形状的物体加热均匀性好；便于控制；穿透能力强；热效率高；等等特点，但微波也具有设备费贵、耗电量高、如装置不妥有漏波危险等缺点。

（二）冷冻（升华）干燥设备

该设备将肉块急速冷却至 −40 ~ −30 ℃，再置于真空压力为 13 ~ 133 Pa 的干燥室内，使冰升华而脱水干燥。采用冷冻干燥设备加工肉制品，产品的色、香、味和营养成分都得到了很好的保持，且在食用时能迅速吸水复原，是目前最理想的肉制品干燥设备。但是，冷冻干燥的肉刷品一般要求真空包装或充氮包装，否则容易氧化变质（冷冻干燥肉制品结构为多孔状，与空气接触面积很大），同时，冷冻干燥设备投资大、能源消耗大，限制了在肉制品干燥加工上的应用。目前，国内用冷冻干燥设备加工肉制品的，主要用于高档方便面配套肉丁、肉块的加工，以及出口产品的加工。

冷冻（升华）干燥原理是利用水有三个相——液相、气相和固相，根据压力减小沸点下降的原理，当压力降低到 4.85 mmHg 时，温度在 0 ℃ 以下，物料中的水分即可从冰不经过液相而直接升华。

冷冻（升华）干燥设备按冷冻干燥系统可分为制冷系统、自控系统、加热系统和控制系统等。按结构分别由冷冻干燥箱、冷凝器、制冷压缩机、真空泵、各种阀门和控制元件及仪表等组成。冷冻（升华）

干燥设备如图3-1所示。

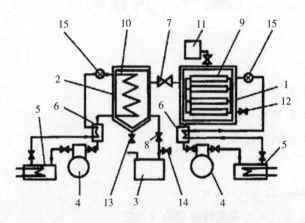

图3-1 冷冻(升华)干燥设备

1. 冷冻干燥箱；2. 冷凝器；3. 真空泵；4. 制冷压缩机；5. 水冷却器；6. 热交换器；7. 冷凝器阀门；8. 真空泵阀门；
9. 板温指示；10. 冷凝温度指示；11. 真空计；12. 放气阀；13. 冷凝器放气出口；14. 真空泵放气阀；15. 膨胀阀

二、情境导入

六一儿童节到了，小朋友喜欢的肉松销量加大，销售部门要求追加生产量。所以作为生产者，要熟练掌握肉松生产工艺，才会更加高效地完成任务。

三、相关链接

（一）干制原理

肉品干制是在自然条件或人工控制条件下促使肉中水分蒸发的一种工艺过程。干制品具有营养丰富、美味可口、质量轻、体积小、食用方便、便于保存携带等特点。

干制既是一种保存手段，又是一种加工方法。肉品干制的原理是通过脱去肉品中的一部分水，抑制了微生物的活动和酶的活力，从而达到加工出新颖产品或延长贮藏时间的目的。水分是微生物生长发育所必需的营养物质，肉品中的水分一部分能被微生物和酶利用，称为有效水分。衡量有效水分的多少用水分活度表示。水分活度是食品中水分的蒸汽压与纯水在该温度时的蒸汽压的比值。

表 3-1 微生物发育与水分活度值

微生物	发育最低水分活度	微生物	发育最低水分活度
一般细菌	0.90	好盐性细菌	0.75
酵母	0.88	耐干性酵母	0.65
霉菌	0.82	耐浸透性酵母	0.60

每一种微生物生长,都有所需的最低水分活度值。一般来说,霉菌需要的水分活度值为 0.80 以上,酵母菌为 0.88 以上,细菌为 0.99~0.91。因此,通过干制降低水分活度值就可以抑制肉制品中大多数微生物的生长。

(二)干制方法

肉类脱水干制方法有自然干燥、烘炒干燥、烘房干燥、低温升华干燥、微波干燥和减压干燥。

1.自然干燥

自然干燥是利用自然能源(日光、风)将肉品干燥的方法。设备简单,费用低,受自然条件的限制,温度条件很难控制。

2.烘炒干燥

烘炒干燥靠间壁的导热将热量传给与壁接触的物料,又称间接加热干燥。传导干燥的热源可以是水蒸气、热力、热空气等。

3.烘房干燥

烘房干燥是直接以高温的热空气为热源,借对流传热将热量传给物料,又称直接加热干燥。

4.低温升华干燥

在低温下一定真空度的封闭容器中,物料中的水分直接升华,使物料脱水干燥,称为低温升华干燥。此法不仅干燥速度快,还能保持原来产品的性质,加水后能迅速恢复原来的状态,保持原有成分,很少发生蛋白质变性。但设备较复杂,投资大,费用高。

5.微波干燥

微波干燥设备投资费用较高、干肉制品的特征性风味和色泽不明显。无须热传导、辐射、对流,在短时内即可达到干燥的目的,且使肉块内外受热均匀,表面不易焦煳。

6.减压干燥

减压干燥是利用真空条件下水沸点降低而加速水分的蒸发进行干燥的方法。

四、任务分析

（一）影响肉品干制的因素

1. 肉制品比表面积

一般情况下比表面积越大，干制速度越快。

2. 空气流速

空气流速快，能及时将聚积在食品表面附近的饱和湿空气带走，以免食品内水分进一步蒸发，加快肉品干燥速度。

3. 干燥介质湿度

干燥介质愈干燥，肉品干燥速度也愈快，近于饱和的湿空气进一步吸收蒸发水分的能力远比干燥空气差。

4. 大气压力和真空

在大气压力为 1 个大气压时，水的沸点为 100 ℃，如大气压力下降，则水的沸点也下降，气压愈低，沸点也愈低，因此在真空室内加热干制时，就可以在较低的温度下进行。

（二）干制肉品的后处理

用烘房干燥或自然干燥方法制得的干制品水分分布不均匀，还需要均湿处理，即在密封室内进行短暂贮藏，以便使水分在干制品内部及干制品相互间进行扩散和重新分布，最后达到均匀一致的要求。干制后的干制肉品需进行筛选去杂，剔除块片和颗粒大小不合标准的产品以提高产品质量。干制品的外包装一般采用塑料薄膜，防止水分进入。

（三）太仓肉松制作工艺及操作要点

太仓肉松是江苏省的著名产品，创始于江苏省太仓市。历史悠久，闻名中外。

1. 工艺流程

原料选择和整理→煮制→炒制→成品。

2. 配料

猪瘦肉 50 kg，食盐 1.5 kg，黄酒 1 kg，酱油 17.5 kg，白糖 1 kg，味精 100～200 g，鲜姜 500 g，八角 250 g。

3. 加工工艺

（1）原料选择和整理。选用新鲜猪后腿瘦肉为原料，剔去骨、皮、脂肪、筋膜及各种结缔组织等，切成拳头大的肉块。

（2）煮制。将瘦肉块放入清水（水浸过肉面）锅内预煮，不断翻动，使肉受热均匀，并撇去上浮的油末。煮 4 h 左右时，稍加压力，肉纤维可自行分离，加入全部辅料再继续煮制，直到汤煮干为止。

（3）炒制。取出生姜和香辛料，采用小火，用锅铲一边压散肉块，一边翻炒，勤炒勤翻，操作要轻并且均匀，当肉块全部炒松散并炒干时，颜色由灰棕色变为金黄色的纤维疏松状即为成品。

4.质量标准

成品色泽金黄，有光泽，呈丝绒状，纤维疏松，鲜香可口，无杂质，无焦现象。水分含量≤20%，油分含量8%～10%。

五、任务布置

总体任务				
任务1　每个小组各制作0.5 kg肉松。				
任务2　根据成品计算成品的出品率。				
任务3　核算成品的生产成本。				
任务4　根据成品总结质量问题及生产控制方法。				
任务5　完成肉松制作任务单。				
任务分解				
步骤	教学内容及能力/知识目标	教师活动	学生活动	时间
1	学习分割猪肉基本部位名称： 1.能够说出猪肉各部位所对应的名称。 2.能掌握鲜猪肉的感观标准。	1.给学生展示几个不同部位的鲜猪肉，明确生产任务。	1.接受教师提出的工作任务，聆听教师关于干制方法的讲解。	35 min
		2.将任务单发给学生。	2.通过咨询车间主任（教师扮演）确定生产产品的要求。	
		3.引入案例，采用PPT讲解肉松干制的方法和生产要点，并接受关于原料肉的咨询。	3.通过查阅资料，填写任务单部分内容。	
2	学习制作肉松所用的仪器设备： 1.能使用制作肉松所用的工具和设备。 2.能对工具和设备进行清洗与维护。	1.为学生提供所需刀具、器具和设备，并提醒学生安全注意事项。	1.根据具体的生产任务和配方的要求，选择合适的工具及干制设备（微波炉、烤箱等）。	10 min
		2.为学生分配原料肉；接受学生咨询，并监控学生的讨论。	2.分成6个工作小组，并选出组长。	

续表

任务分解				
步骤	教学内容及能力/知识目标	教师活动	学生活动	时间
3	制订生产计划：1. 能够掌握肉松生产计划的制订。2. 能学会与小组成员默契配合。	1. 审核学生的生产计划。	1. 以小组讨论协作的方式,制订生产计划。	15 min
		2. 对各生产环节提出修改意见。	2. 将制订的生产计划与教师讨论并定稿。	
		3. 接受学生咨询并监控学生讨论。		
4	肉松制作：1. 能配合小组成员完成肉松的生产。2. 对肉松生产中出现的质量问题能进行准确描述。3. 能掌握肉松生产工艺流程。	1. 监控学生的操作并及时纠正错误。	1. 用夹层锅煮制。	280 min
		2. 回答学生提出的问题。	2. 用微波炉、烤箱进行干制。	
			3. 手工进行分丝。	
			4. 用间接干制方法干制肉松。	
		3. 对学生的生产过程进行检查。	5. 在任务单中记录工艺数据。	
5	计算肉松出品率、成本：1. 能对成品进行评定。2. 能计算成品出品率及生产成本。	1. 讲解成品出品率及成本核算的方法。	1. 学习成品出品率及成本的核算方法。	25 min
		2. 监控学生的操作并及时纠正错误。	2. 评定产品是否符合生产要求。	
		3. 回答学生提出的问题。	3. 计算本组制作的肉松出品率及生产成本。	
6	产品评价：1. 能客观评价自我工作及所做的产品。2. 对其他小组产品能做出正确评价。	1. 对各小组工作进行综合评估。	1. 以小组讨论方式进行产品评价。	10 min
		2. 提出改进意见和注意事项。	2. 根据教师提出的意见修改生产工艺条件。	
7	考核	明确考核要点	参与肉松工艺考核	60 min
8	管理	分配清洁任务	参与清场	15 min
作业	独立完成任务单上的总结和习题			
课后体会				

六、工作评价

对照成品进行评价,完成报告单。

<table>
<tr><td colspan="4" align="center">肉松制作报告单</td></tr>
<tr><td>姓名:_____</td><td>专业班级:_____</td><td>学号:_____</td><td>组别:_____</td></tr>
<tr><td colspan="4">

一、任务目标

1.通过任务,使学生学会干肉制品的加工原理与方法。

2.掌握肉松加工的操作要点。

3.锻炼学生的动手能力及团队合作意识。

二、课堂习题

1.简述肉品干制的原理。

2.影响肉品干制的因素有哪些?

3.常见的干制方法有哪些?

4.肉干常用的脱水方法有哪些?

5.如何判断用于制作肉松的肉块是否已经煮好?

三、方法步骤

1.工艺流程:

</td></tr>
</table>

续表

肉松制作报告单
姓名：＿＿＿＿＿＿＿ 专业班级：＿＿＿＿＿＿＿ 学号：＿＿＿＿＿＿＿ 组别：＿＿＿＿＿＿＿

2.操作要点：

(1)原料选择：

(2)预处理：

(3)配料：

(4)煮制：

(5)分丝：

(6)炒松：

(7)成品：

四、注意事项

1.

2.

3.

4.

5.

6.

五、结果分析

续表

肉松制作报告单
姓名：＿＿＿＿＿＿＿ 专业班级：＿＿＿＿＿＿＿ 学号：＿＿＿＿＿＿＿ 组别：＿＿＿＿＿＿＿
六、完成情况
七、心得体会
八、不足与改进
九、教师点评＿＿＿

七、实践回顾

1. 包装前的干制肉品需要进行筛选去杂,剔除块片和颗粒大小不合标准的产品以提高产品质量,去杂多为人工挑选。

2. 为使肉松进一步蓬松,用擦松机和跳松机可使其更加整齐一致。

3. 用烘房干燥或自然干燥方法制得的干制品各自所含的水分并不是均匀一致的,而且在其内部也不是均匀分布的,常需均湿处理,即在密封室内进行短暂贮藏,以便使水分在干制品内部及干制品相互间进行扩散和重新分布,最后达到均匀一致的要求。

4. 干制品的外包装一般采用塑料薄膜。

八、课后作业

1. 试述 1～2 种肉松加工方法。

2. 总结小组制作肉松的心得体会和注意事项。

任务二　牛肉干制作

【知识目标】

1. 能掌握牛肉干生产工艺流程；

2. 能说出牛肉干生产工艺操作要点；

3. 能查找牛肉干生产工艺国家标准。

【技能目标】

1. 能与小组成员共同完成牛肉干制作；

2. 根据所得成品，能计算出品率；

3. 小组合作，能够计算牛肉干的生产成本；

4. 通过小组讨论，能独立叙述牛肉干的质量标准；

5. 能对牛肉干制作中出现的质量问题做出准确描述，并提出解决建议。

一、工作条件

肉干是用牛、猪等瘦肉经预煮后，加入配料复煮，最后经烘烤而成的一种肉制品。由于原料肉、辅料、产地、外形等不同，其品种较多，如按辅料不同有五香肉干、麻辣肉干、咖喱肉干等；根据形状分为片状、条状、粒状等肉干；根据原料肉不同有牛肉干、猪肉干、羊肉干等。

（一）绞肉装置

1. 绞肉机的分类

根据绞肉机处理原料的不同，可以将绞肉机分为普通绞肉机和冻肉绞肉机。普通绞肉机用于鲜肉（要求冷却至 3～5 ℃）或解冻至 0±2 ℃的冻肉；冻肉绞肉机可以直接绞制 -25～2 ℃的整块冻肉，也可以绞制鲜肉。

根据绞肉机切断部分筛板的数量，可以把绞肉机分为一段式和三段式，所谓三段式其切断部分装有 3 个筛板、两组刀，而一段式为一个筛板、一组刀。

2. 绞肉机的构造

绞肉机由选肉部分和肉的切断部分组成，主要装置包括：螺旋供料器、料斗、绞刀、筛板和电动机等。绞肉机的结构示意图如图 3-2 所示。

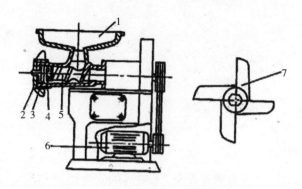

图3-2　绞肉机结构示意图

1.料斗;2.螺旋供料器;3.绞刀;4.筛板;5.紧固螺母;6.电动机;7.绞刀

工作时,将腌制肉适当切块,从料斗加入,随着螺旋供料器转轴的旋转,将肉从小直径螺旋轴送往大直径螺旋轴,绞刀布置在与螺旋轴垂直的平面上,与螺杆一起旋转,刀刃部分与筛板产生相对运动,将被螺杆挤出的肉切断,被切断的肉通过筛板也向外挤出,最后由紧固螺母的孔中排往下道工序。

绞肉机的筛板孔径通常分为三种:粗孔(9~10 mm)、中孔(5~6 mm)、细孔(2~3 mm)。

（二）绞肉机操作的注意事项

（1）绞肉机在进行绞肉操作之前,要检查金属筛板和刀刃是否吻合。检查方法是将刀刃放在金属筛板上,横向观察有无缝隙。如果吻合情况不好,刀刃和金属筛板之间有缝隙,在绞肉过程中,肌肉膜和结缔组织就会缠在刀刃上,妨碍肉的切断,破坏肉的组织细胞,削弱了添加脂肪的包含力。

（2）在用绞肉机绞碎之前,要先将原料肉和脂肪切碎,再分别将肉和脂肪冷却到3~5 ℃。

（3）绞肉时应注意控制好肉的温度,肉温应不高于10 ℃。使用小孔径筛板绞制大块肉、刀不锋利、超量填肉等对机械施加过大负荷的做法,都会导致绞制过程中肉温升高、肉馅保水力下降,不利于最终产品的质量。

（4）作业结束后,要清洗绞肉机。如果绞肉机清洗得不干净,肉片和脂肪就会附着在螺杆上,细菌有可能混入肉中。绞肉机洗干净后,需擦去表面水分,正确地将刀具编组保管。

（5）向料斗中投肉的过程中,注意一定要使用填料棒,严禁用手,避免出现伤害事故。

二、情境导入

牛肉干是广大消费者喜爱的休闲食品,虽然种类繁多,但卫生很难把控。近来公司生产的牛肉干遭到很多消费者投诉,领导很生气,要求尽快找出原因。如要解决问题,就应该从生产工艺查起。

三、相关链接

（一）卫生整理的相关知识

1.清洗与消毒的目的

通过有效的清洗与消毒,不仅能确保设备、工器具的安全使用和卫生,还能维护机器设备的良好性能,从而达到提高工作效率的目的。

在肉制品加工中,通过对案台、设备、工器具进行有效的清洗与消毒,彻底除去其残留物中的病原菌及微生物,才能生产出符合卫生要求、高质量的肉制品,并对肉制品储藏期的延长起到积极作用。

2.清洗与消毒的关系

要想保证良好的卫生环境及肉制品质量,清洗与消毒必须相互进行。多数情况下,没有清洗就不存在有效的消毒,可以说清洗是消毒的前提。利用清洗既可除去污垢、洗掉部分微生物、降低微生物的绝对数、减少消毒剂的使用量,又可排除影响杀菌效果的障碍、提高杀菌消毒的功效。但只靠清洗是不可能完成杀菌目的的,还必须进行消毒处理,两者相互进行,方能达到杀菌的目的。

3.清洗的方法

肉品企业常用的清洗方法是:用热水或高压水枪冲刷,用符合卫生要求的洗涤剂刷洗。另外,要求洗涤剂的洗涤性能强,能充分分解,本身具有一定的亲水性,易被水冲掉,排放后易被分解,不会污染环境。使用洗涤剂清洗后,应注意需要再用清水刷洗干净,避免其在设备、工器具上过多残留,影响产品质量,使人体健康受到侵害。

4.影响清洗效果的因素

(1)接触时间。清洗液与设备、工器具接触的时间长,则清洗效果就好,但随着接触时间的延长,若超过最佳清洗时间,则清洗的效果不明显。最佳接触时间根据不同设备或工器具而定。

(2)流速。清洗液的流速快,则清洗效果好,但流速过快,清洗液用量过大,会使成本增加。所以,采用清洗装置时,应控制最佳流速为 1 ~ 3 m/s。

(3)温度。清洗液的温度高,则清洗效果好,但温度太高,对设备、工器具会有不同程度的损坏作用,并造成蛋白质变性,清洗困难。所以,应注意控制清洗液的温度,最佳温度为 70 ℃左右。

(4)浓度。在清洗过程中,随着清洗液浓度增加,清洗效果也会相应增加。但当清洗液的浓度超过其临界浓度时,随着清洗液浓度的增加,清洗效果反而会下降。清洗液的临界浓度为 1%~ 2%。

5.消毒的方法

在肉制品加工过程中,消毒工作是非常重要的。选择消毒方法时应注意选择消毒效果好并对人和食品危害小的办法。目前用于肉制品加工中消毒的方法主要有蒸汽消毒、煮沸消毒和药液消毒。

(1)蒸汽消毒。蒸汽消毒的方法应用广泛,具有很强的渗透力,杀菌作用强。高温蒸汽透入菌体,使菌体蛋白质变性、凝固,直至死亡。饱和蒸汽在 100 ℃时只需经过 15 ~ 20 min 就可杀死一般细菌。压力 0.1 MPa,温度 121.6 ℃,经 15 ~ 20 min,包括芽孢菌在内的各种细菌都会被杀灭,从而达到消毒的目的。

(2)煮沸消毒。具体步骤是：先将水煮沸，再放入需要消毒的工器具、工作衣帽等物品，水要没过物品，持续煮沸 10 min，可达到消毒的目的。一般细菌在 100 ℃ 沸水中经 4～5 min 即可死亡，但芽孢菌需要 1～2 h 才能杀死，若在水中添加 1%～2% 的碳酸钠，则可提高杀灭芽孢菌的速度。

(3)药液消毒。药液消毒是用化学药品配制的溶液对物品进行消毒的一种方法。作为肉制品加工中理想的消毒药液，应符合杀菌效果好、作用快；不损害被消毒的物品；用后不残留毒性或易除去；价格低廉；对人及畜禽都安全；配制与使用简便；易于推广；等等必要条件。例如：次氯酸钠溶液、漂白粉、过氧化物制剂、乙醇类消毒剂。

在肉制品加工中，除以上消毒方法之外，还可使用干热杀菌法、紫外线杀菌法、臭氧杀菌法等多种消毒方法。肉品企业应注意日常清洁卫生，定期消毒。最好的方法是采用蒸汽与煮沸消毒法对环境、工器具、设备等进行消毒处理，除特殊情况外，最好不使用化学药液消毒。

(二)消毒剂的配制方法

1.直接法

直接法是准确量取一定浓度的物质或准确称取一定量的物质，溶解后，定量转移到容量瓶、量筒等计量器具中，稀释至刻度。根据称取物质的量和容量瓶等计量器具的体积，计算出溶液的准确浓度。

2.间接法

先粗略地称取一定浓度物质配成接近所需浓度的溶液，然后用基准物质来测定它的准确浓度。对于一些不宜用直接法配制消毒剂的物质，如氢氧化钠吸收空气中的二氧化碳和水分、高锰酸钾不易提纯在空气中不稳定、盐酸易挥发等情况通常采用间接法配制。

四、任务分析

(一)上海咖喱猪肉干制作工艺及操作要点

上海咖喱猪肉干是上海著名的风味特产。肉干中含有的咖喱粉是一种混合香料，颜色为黄色，味香辣，很受人们的喜爱。

1.工艺流程

原料选择与整理→预煮、切丁→复煮、翻炒→烘烤→成品。

2.配料

猪瘦肉 50 kg，精盐 1.5 kg，白糖 6 kg，酱油 1.5 kg，酒 1 kg，味精 250 g，咖喱粉 250 g。

3.工艺及操作要点

(1)原料选择与整理。选用经检验检疫合格的新鲜猪后腿肉，剔除皮、骨、筋、膘等，切成 0.5～1 kg 的肉块。

(2)预煮、切丁。将经过处理的原料肉倒入锅内,加入一定量的水,旺火煮制 15 min。将煮好的肉块切成长 1.5 cm、宽 1.3 cm 的肉丁。

(3)复煮、翻炒。肉丁与辅料同时放入锅中,加入白汤 3.5~4 kg,中火边煮边翻炒,到卤汁快烧干时,翻炒速度稍快一些,直至汁干后出锅。

(4)烘烤。将肉丁均匀地平铺在烤盘上,60~70 ℃烘烤 1~1.5 h,为了均匀干燥,防止烤焦,在烘烤时应经常翻动,当产品表里均干燥时即为成品。

4. 质量标准

成品外表黄色,里面深褐色,呈整粒丁状,柔韧甘美,肉香浓郁,咸甜适中,味鲜可口。出品率一般为 40%~50%。

(二)哈尔滨五香牛肉干制作工艺及操作要点

哈尔滨牛肉干是哈尔滨的名产。产品历史悠久,风味佳,是国内比较畅销的干制品。

1. 工艺流程

原料选择与整理→浸泡、清煮→冷却、切块→复煮→烘烤→成品。

2. 配料

牛肉 50 kg,食盐 1.8 kg,白糖 280 g,酱油 3.5 kg,黄酒 750 g,味精 100 g,姜粉 50 g,八角 75 g,桂皮 75 g,辣椒粉 100 g。

3. 工艺及操作要点

(1)原料选择与整理。选择经过卫生检验检疫合格的新鲜牛肉,清洗去除表面污物后,切成 0.5 kg 左右的肉块。

(2)浸泡、清煮。切好的肉块经冷水浸泡 1 h 左右,让其脱出血水后投入锅内,加入食盐 1.5 kg,八角 75 g,桂皮 75 g,清水 15 kg,温度保持 90 ℃以上煮制 1.5 h,且不断翻动肉块,使其煮制均匀,清除肉汤表面浮油。

(3)冷却、切块。出锅后的肉块充分冷却后,切成 1 cm³ 左右肉丁。

(4)复煮。除酒和味精外,将其他剩余辅料与清煮时的肉汤拌和,加入切好的小肉丁复煮,煮制过程不断翻动,待肉汤将要熬干时,倒入酒、味精,翻动数次,汤干出锅冷却。

(5)烘烤。烘烤温度保持在 50~60 ℃,烘烤 1~2 h,肉干需要经常翻动,肉干变硬取出,放在通风处晾透即为成品。

4. 质量标准

产品呈褐色,肉丁大小均匀,质地干爽而不柴,软硬适度,无膻味,香甜鲜美,略带辣味。

五、任务布置

总体任务
任务1　每个小组各制作2.5 kg牛肉干。
任务2　根据成品计算成品的出品率。
任务3　核算成品的生产成本。
任务4　根据成品总结质量问题及生产控制方法。
任务5　完成牛肉干制作任务单。

任务分解				
步骤	教学内容及能力/知识目标	教师活动	学生活动	时间
1	学习分割牛肉基本部位名称： 1.能够说出牛肉各部位所对应的名称。 2.能掌握鲜牛肉的感观标准。	1.给学生展示几个不同部位的鲜牛肉,明确生产任务。	1.接受教师提出的工作任务,聆听教师关于干制方法的讲解。	35 min
		2.将任务单发给学生。	2.通过咨询车间主任(教师扮演)确定生产产品的要求。	
		3.引入案例,采用PPT讲解干制的方法和生产要点,并接受关于原料牛肉的咨询。	3.通过查阅资料,填写任务单部分内容。	
2	学习制作牛肉干所用的仪器设备： 1.能使用制作牛肉干所用的工具和设备。 2.能对工具和设备进行清洗与维护。	1.为学生提供所需刀具、器具和设备,并提醒学生安全注意事项。	1.根据具体的生产任务和配方的要求,选择合适的工具及干制设备(微波炉、烤箱等)。	10 min
		2.为学生分配原料肉;接受学生咨询,并监控学生的讨论。	2.分成6个工作小组,并选出组长。	
3	制订生产计划： 1.能够掌握牛肉干生产计划的制订。 2.能学会与小组成员默契配合。	1.审核学生的生产计划。	1.以小组讨论协作的方式,制订生产计划。	15 min
		2.对各生产环节提出修改意见。		
		3.接受学生咨询并监控学生讨论。	2.将制订的生产计划与教师讨论并定稿。	

续表

		任务分解		
步骤	教学内容及能力 /知识目标	教师活动	学生活动	时间
4	牛肉干制作： 1. 能配合小组成员完成牛肉干的生产。 2. 对牛肉干生产中出现的质量问题能进行准确描述。 3. 能掌握牛肉干生产工艺流程。	1. 监控学生的操作并及时纠正错误。 2. 回答学生提出的问题。 3. 对学生的生产过程进行检查。	1. 用夹层锅煮制。 2. 用微波炉、烤箱进行干制。 3. 在任务单中记录工艺数据。	190 min
5	计算牛肉干出品率、成本： 1. 能对成品进行评定。 2. 能计算成品出品率及生产成本。	1. 讲解成品出品率及成本核算的方法。 2. 监控学生的操作并及时纠正错误。 3. 回答学生提出的问题。	1. 学习成品出品率及成本的核算方法。 2. 评定产品是否符合生产要求。 3. 计算本组制作的牛肉干出品率及生产成本。	25 min
6	产品评价： 1. 能客观评价自我工作及所做的产品。 2. 对其他小组产品能做出正确评价。	1. 对各小组工作进行综合评估。 2. 提出改进意见和注意事项。	1. 以小组讨论方式进行产品评价。 2. 根据教师提出的意见修改生产工艺条件。	10 min
7	考核	明确考核要点	参与牛肉干工艺考核	60 min
8	管理	分配清洁任务	参与清场	15 min
作业	独立完成任务单上的总结和习题			
课后体会				

六、工作评价

对照成品进行评价,完成报告单。

<table>
<tr><td colspan="4" align="center">牛肉干制作报告单</td></tr>
<tr><td>姓名:_____</td><td>专业班级:_____</td><td>学号:_____</td><td>组别:_____</td></tr>
<tr><td colspan="4">
一、任务目标
1.通过任务,使学生学会干肉制品的加工原理与方法。
2.掌握牛肉干加工的操作要点。
3.锻炼学生的动手能力及团队合作意识。
二、课堂习题
1. 在干肉制品的制作中,如何控制脂肪氧化?

2. 干肉制品贮藏期间质量变劣主要表现在哪两个方面?

3. 干肉制品的贮藏原理是什么?

4. 影响干燥速度的因素有哪些?

5. 如何判断牛肉干干制的效果?

三、方法步骤
1.工艺流程:

</td></tr>
</table>

续表

牛肉干制作报告单
姓名:＿＿＿＿＿　专业班级:＿＿＿＿＿＿＿　学号:＿＿＿＿＿＿　组别:＿＿＿＿＿＿
2.操作要点: (1)原料选择: (2)预处理: (3)配料: (4)煮制: (5)切丁: (6)烘烤: (7)成品: 四、注意事项 1. 2.   3.   4.   5. 6.   五、结果分析

续表

牛肉干制作报告单
姓名：_____ 专业班级：_____ 学号：_____ 组别：_____
六、完成情况
七、心得体会
八、不足与改进
教师点评 _____

七、实践回顾

1. 感观指标

具有特有的色、香、味、形等特点，无焦臭等异味，无杂质。

2. 理化指标

肉干、肉脯理化指标应符合表 3-2 的规定。

表 3-2　肉干、肉脯理化指标

项目	指标	
	肉干	肉脯
水/%	≤20	≤22
食品添加剂	按《GB2760-2014 食品添加剂使用标准》执行	

3. 微生物指标

肉干、肉脯微生物指标应符合表 3-3 的规定。

表 3-3　肉干、肉脯微生物指标

项目	指标
细菌总数/个每克	≤10000
大肠菌群/个每 100 克	≤30
致病菌	不得检出

注:致病菌指肠道致病菌及致病性球菌

八、课后作业

1. 小组课下尝试 1~2 种其他肉干加工方法。

2. 总结肉干、肉松和肉脯在加工工艺上有何显著不同。

任务三　干炸丸子制作

【知识目标】

1. 能掌握干炸丸子生产工艺流程；

2. 能说出干炸丸子生产工艺操作要点；

3. 能查找干炸丸子生产工艺国家标准。

【技能目标】

1. 能使用干炸丸子生产工具、设备并维护；

2. 能对干炸丸子生产工艺中出现的质量问题提出整改建议；

3. 能独立完成干炸丸子制作并核算产品出品率；

4. 能配合小组成员对成品进行客观评价并总结。

一、工作条件

油炸是利用油脂在较高的温度下对肉食品进行热加工的过程。油炸制品在高温作用下可以快速变熟；营养成分最大限度地保持在食品内不易流失；赋予食品特有的油香味和金黄色泽；经高温灭菌可短时期贮存。

油炸有清炸、干炸、软炸、酥炸、松炸、脆炸、卷包炸、纸包炸等方法，随着人们生活节奏的加快，油炸肉制品所占的比重越来越大。

油炸机主要由油炸槽、加热系统、温控系统、传输系统、排烟系统、油过滤系统等几部分构成。加热系统有：电加热、燃气加热、蒸汽加热等。适合于肉制品加工的油炸机有传统式油炸机和水油混合式油炸机两种，根据是否能连续化生产，又可分为间歇式油炸机和连续式油炸机。

传统式油炸机是目前应用得最广泛的油炸加工设备，结构较简单。水油混合式油炸机是一种较为先进的油炸设备，该设备是在同一油炸槽中，下部注入水，上部注入油，在油层中部设置加热装置，在水油界面设置有冷却装置。图3-3是间歇式水油混合油炸机的结构示意图。

由于油炸时食品处于油炸槽上部的油中，食品残渣通过滤网掉入油炸槽下部的水中并过滤除掉，避免了食品残渣在高温油中炭化及产生有害物质，同时下层油的温度较低，油的氧化问题得到了一定程度的缓解。

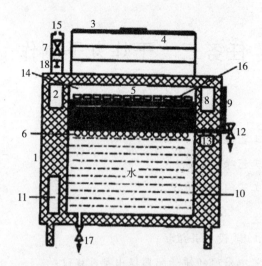

图3-3　间歇式水油混合油炸机结构示意图

1.箱体;2.操作系统;3.锅盖;4.炸笼;5.滤网;6.冷却循环气筒;7.排油烟管;

8.控温仪;9.油位计;10.油炸锅;11.电器控制系统;12.排油阀;13.冷却装置;

14.油炸锅;15.排油烟孔;16.加热器;17.排污阀;18.脱排油烟装置

二、情境导入

干炸丸子卫生很难把控,近几天公司生产的干炸丸子遭到很多消费者投诉,领导很生气,要求尽快找出原因。如要解决问题,就应该从生产工艺查起。

三、相关链接

（一）消毒剂的配制

1.75%酒精溶液

75%酒精溶液常用于皮肤、体温计和器械的消毒,不适用于大创面和黏膜处的消毒。配制方法是:先准确量取789 mL 95%的酒精,然后加蒸馏水定容至1000 mL,即得75%酒精溶液。

2.甲醛溶液

甲醛溶液常用于房间、器械、衣服的消毒,不适用于食品生产场所的消毒。配制方法是:准确量取250 mL浓度为37%～40%的甲醛溶液,然后加蒸馏水定容至1000 mL,即得甲醛溶液,其浓度为2%～10%。10%的甲醛溶液常用于熏蒸,熏蒸时常加入一些高锰酸钾,密闭6～24 h。

3.硝酸溶液

硝酸溶液对清洗管路或机械设备等有一定消毒功效,常用2%的硝酸溶液。配制方法是:量取1 mL浓硝酸,加水30 mL,充分混匀,即得消毒用硝酸溶液。

4. 盐酸溶液

盐酸溶液主要用于车间、浴池和厕所的消毒,是腐蚀性较强的一种消毒剂,常与其他消毒剂配合使用,使用浓度一般为 0.01%~0.05% 。配制方法是:量取浓度为 36% 的分析纯浓盐酸 1 mL,加蒸馏水 1000 mL,充分混匀,即得消毒用盐酸溶液。

5. 氢氧化钠

氢氧化钠溶液对地面、仓库等有较好的消毒作用。配制方法是:称取氢氧化钠 20~40 g,先用少量蒸馏水溶解,然后定容至 1000 mL,即得消毒用氢氧化钠溶液。

6. 高锰酸钾溶液

0.1% 的高锰酸钾溶液常用于皮肤、黏膜、蔬菜、水果、碗筷等的消毒,有很强的氧化能力。配制方法是:称取 1 g 高锰酸钾,先加少量蒸馏水溶解,然后定容至 1000 mL,即得消毒用高锰酸钾溶液。

7. 过氧乙酸溶液

过氧乙酸溶液是一种高效、具有刺激性的消毒剂,一般用于塑料制品、玻璃制品、环境卫生、水果、蔬菜、鸡蛋等的消毒。采用喷雾或熏蒸的方法消毒,消毒后通风 0.5 h 以上。配制方法是:称取分析纯 50% 浓度的过氧乙酸 10 mL,然后加蒸馏水定容至 1000 mL,即得消毒用过氧乙酸溶液。

8. 氯及漂白粉溶液

氯气常用于饮用水消毒,常用剂量为 0.2~1.0 mg/kg。漂白粉常用于饮用水、水果、蔬菜、环境卫生的消毒。配制方法是:称取 5~50 g 漂白粉,先溶于少量蒸馏水中,然后定容至 1000 mL,即得消毒用漂白粉溶液。

(二)设备的清洗与消毒

设备清洗与消毒的程序是:首先用洗刷设备的专用海绵或毛刷加洗涤剂将油污洗净。然后用自来水冲洗至设备上无可见污物。最后使用消毒溶液进行消毒。

(三)工器具的清洗与消毒

1. 不锈钢工器具

在肉制品加工中用不锈钢制造的工具、容器很多,其清洗、消毒非常关键。不锈钢工器具清洗与消毒的程序是:首先用洗涤剂彻底清除灰尘、残渣等杂质。然后用热碱水浸泡刷洗,除去油垢,再用 30~50 mg/kg 消毒液消毒并沥干水分。最后将工器具放置于专用储存箱内。不锈钢工器具还可采用蒸汽或煮沸消毒的方法清洗、消毒。

2. 塑料容器

塑料容器质地光滑,容易刷洗。一般可用低浓度的温碱水洗刷,再用清水冲净控干后备用。

3. 模具

模具的清洗与消毒非常重要,其清洗与消毒的好坏不但影响产品的质量,还影响消费者的身体健康。

（1）新购置的模具，在使用前必须进行彻底的清洗与消毒，防止一些残留的金属和杂质进入肉制品而造成食用者中毒。可先用1%的柠檬酸溶液浸泡模具20～24 h，再用自来水清洗干净。

（2）重复使用模具前，先用自来水进行冲洗，将模具中的残渣和污垢清洗干净，然后采用蒸汽或煮沸消毒的方法，进行10～15 min的消毒杀菌。

4. 台秤

台秤是肉制品加工中常用的计量器具，清洗与消毒的程序是：使用前，用蘸有洗涤剂的毛巾或海绵将秤体、秤盘的油污擦净。然后用洁净的毛巾将洗涤剂擦净。最后使用30～50 mg/kg的消毒液将毛巾消毒后，再将秤体、秤盘消毒。注意，台秤的整个消毒过程中，不得将任何液体注入秤体内部。使用中，若有肉汁进入秤体，应随时用消毒过的毛巾擦拭。使用后，由专人检查后将台秤放在指定位置，以备次日使用，不合格的返回重新清洗、消毒。

四、任务分析

（一）油炸的作用

油炸食物时，油可以提供快速而均匀的传导热，首先使制品表面脱水而硬化，出现壳膜层，同时使表面焦糖化及蛋白质和其他物质分解，产生具有油炸香味的挥发性物质。在高温下物料迅速受热，使制品在短时间内熟化，导致制品表面形成干燥膜，内部水分蒸发受阻。由于内部含有较多水分，部分胶原蛋白水解，制品变为外焦里嫩。

（二）炸制用油

炸制用油要求用熔点低、过氧化物值低、不饱和脂肪酸含量低的新鲜的植物油。氢化的油脂可以长期反复地使用。我国目前炸制用油主要是豆油、菜籽油和葵花子油。

（三）干炸丸子制作工艺及操作要点

1. 工艺流程
原料选择与整理→配料→制馅→定型→油炸→成品。

2. 配料
猪肉400 g，黄酱30 g，鸡蛋1个，玉米淀粉45 g，葱姜各10 g，清水50 g，料酒5 g，五香粉5 g，植物油5 g，盐12 g，蒜蓉10 g，芝麻油5 g。

3. 工艺及操作要点
（1）原料选择与整理。猪肉肥瘦比例为3∶7，切成肉馅。大葱和生姜切成丝，泡在50 g清水里，静置15 min，15 min后将葱姜取出，只用里面剩余的葱姜水，加入玉米淀粉，搅拌均匀备用。

（2）配料。按配比计算并称出辅料，在容器里放入肉馅和全部辅料搅拌均匀。

（3）制馅。调味料与肉馅搅拌几下后，开始直接用手朝着一个方向搅打肉馅，直到肉馅上劲、起腻。

（4）定型。将肉馅定型为丸子形状，注意大小均匀一致。

（5）油炸。油温190～200℃下锅油炸至丸子呈金黄色。如果丸子形状较大可以炸两遍。

4. 质量标准

色泽金黄，切面鲜艳发亮，大小均匀，口感酥脆，外焦里嫩。

五、任务布置

总体任务				
任务1　每个小组各制作0.5 kg丸子。				
任务2　根据成品计算成品的出品率。				
任务3　核算成品的生产成本。				
任务4　根据成品总结质量问题及生产控制方法。				
任务5　完成干炸丸子制作任务单。				
任务分解				
步骤	教学内容及能力/知识目标	教师活动	学生活动	时间
1	能查找肉丸生产国家标准。	1. 明确生产任务。	1. 接受教师提出的工作任务，聆听教师关于油炸、干制方法的讲解。	35 min
		2. 将任务单发给学生。	2. 通过咨询车间主任（教师扮演）确定生产产品的要求。	
		3. 采用PPT讲解油炸、干制方法和生产要点。	3. 通过查阅资料，填写任务单部分内容。	
2	学习制作肉丸所用的仪器设备：1. 能使用制作丸子所用的工具和设备。2. 能对工具和设备进行清洗与维护。	1. 为学生提供所需刀具、器具和设备，并提醒学生安全注意事项。	1. 根据具体的生产任务和配方的要求，选择合适的工具及油炸设备。	10 min
		2. 为学生分配原料肉；接受学生咨询，并监控学生的讨论。	2. 分成6个工作小组，并选出组长。	

续表

		任务分解		
步骤	教学内容及能力/知识目标	教师活动	学生活动	时间
3	制订生产计划： 1. 能够掌握肉丸生产计划的制订。 2. 能学会与小组成员默契配合。	1. 审核学生的生产计划。 2. 对各生产环节提出修改意见。 3. 接受学生咨询并监控学生讨论。	1. 以小组讨论协作的方式，制订生产计划。 2. 将制订的生产计划与教师讨论并定稿。	15 min
4	干炸丸子制作： 1. 能配合小组成员完成丸子的生产。 2. 对丸子生产中出现的质量问题能进行准确描述。 3. 能掌握丸子生产工艺流程。	1. 监控学生的操作并及时纠正错误。 2. 回答学生提出的问题。 3. 对学生的生产过程进行检查。	1. 用绞肉机制馅。 2. 用油炸锅进行干制。 3. 手工进行搓圆。 4. 在任务单中记录工艺数据。	100 min
5	计算干炸丸子出品率、成本： 1. 能对成品进行评定。 2. 能计算成品出品率及生产成本。	1. 讲解成品出品率及成本核算的方法。 2. 监控学生的操作并及时纠正错误。 3. 回答学生提出的问题。	1. 学习成品出品率及成本的核算方法。 2. 评定产品是否符合生产要求。 3. 计算本组制作的干炸丸子出品率及生产成本。	25 min
6	产品评价： 1. 能客观评价自我工作及所做的产品。 2. 对其他小组产品能做出正确评价。	1. 对各小组工作进行综合评估。 2. 提出改进意见和注意事项。	1. 以小组讨论方式进行产品评价。 2. 根据教师提出的意见修改生产工艺条件。	10 min
7	考核	明确考核要点	参与干炸丸子工艺考核	60 min
8	管理	分配清洁任务	参与清场	15 min
作业	独立完成任务单上的总结和习题			
课后体会				

六、工作评价

对照成品进行评价,完成报告单。

干炸丸子制作报告单
姓名:_____ 专业班级:_____ 学号:_____ 组别:_____
一、任务目标 1.通过任务,使学生学会油炸肉制品的加工原理与方法。 2.掌握干炸丸子加工的操作要点。 3.锻炼学生的动手能力及团队合作意识。 二、课堂习题 1. 油炸的作用原理。   2. 油炸对肉制品的影响主要有哪些方面?   3. 油炸的关键是什么?   4. 油温的类型及对肉制品的作用是什么?   5. 结合生活中你所见到的油炸食品,简述几种油炸方法。   三、方法步骤 1.工艺流程:

续表

干炸丸子制作报告单
姓名：＿＿＿＿＿＿ 专业班级：＿＿＿＿＿＿ 学号：＿＿＿＿＿ 组别：＿＿＿＿＿

2. 操作要点：

（1）原料选择：

（2）预处理：

（3）配料：

（4）制馅：

（5）成型：

（6）油炸：

（7）成品：

四、注意事项

1.

2.

3.

4.

5.

6.

五、结果分析

续表

<table>
<tr><td colspan="4" align="center">干炸丸子制作报告单</td></tr>
<tr><td colspan="4">　　姓名：_____　专业班级：_____　学号：_____　组别：_____</td></tr>
<tr><td colspan="4">六、完成情况

七、心得体会

八、不足与改进

九、教师点评_____
_____

</td></tr>
</table>

七、实践回顾

1. 油炸技术的关键是控制油温和油炸时间。油炸的有效温度可在 100～230 ℃之间。

2. 油温的掌握，最好是自动控温，一般手工生产通常根据经验来判断。

3. 油炸时应根据成品的质量要求和原料的性质、切块的大小、下锅数量的多少来确定合适的油温和油炸时间。

4. 为了有效使用炸制油，在油中可加入硅酮化合物，能减少起泡；添加金属蛋白盐，在高温 200 ℃油炸，间断式加热 24 h，抗氧化效果与高温后油质的黏度相一致；炸制油中加入金属螯合物，可延长使用时间及油炸制品的货架期。

5. 在油炸时还应注意及时更换油脂和清除积聚的油炸物碎渣。一般每日新鲜油加入应为 15%～20%，碎渣每天过滤一次，减少油的变质和制品附上黑色斑点。

八、课后作业

1.结合生活中你所见过的油炸食品,简述几种油炸方法。

2.小组总结自己制作的干炸丸子与市场售卖的干炸丸子有何显著不同。

项目四

灌制品生产与质量控制

任务一　松仁小肚制作

【知识目标】

1. 能掌握松仁小肚生产工艺流程；
2. 能说出松仁小肚生产工艺操作要点；
3. 能查找松仁小肚生产工艺国家标准。

【技能目标】

1. 能使用松仁小肚生产工具、设备并维护；
2. 能对松仁小肚生产工艺中出现的质量问题提出整改建议；
3. 能独立完成松仁小肚制作并核算产品出品率；
4. 能配合小组成员对成品进行客观评价并总结。

一、工作条件

肠类制品以鲜（冻）畜禽肉为原料，经腌制或未经腌制，切碎成丁或绞碎成颗粒，或斩拌乳化成肉糜，再添加各种辅料，充填入肠衣中，经熟制而成的肉制品。

（一）肉糜送料泵构造

1. 泵体座。泵体座有三条管道，分别是连接真空系统的真空管道、连接装料机的出料管道和连接进料机的进料管道，均为不锈钢制造。
2. 转子。带有径向槽的圆柱体，偏心距为 20 mm。
3. 滑板。可在槽内自由滑动的矩形不锈钢块。

（二）工作原理

当电动机带动转子旋转时，在离心力作用下滑板甩向四周，紧压在泵体内壁上。相邻的两块滑板在前半周所包围的空间逐渐增大，形成真空，吸入物料。后半周，此空间逐渐减小，对吸入物料产生压力，物料排出。

因泵体与真空管道相连，肉糜进入泵体后，使其中空气尽可能排除，减少肉糜的气泡和脂肪的氧化，从而保证肉糜的外观及色、香、味质量。

二、情境导入

松仁小肚是哈市特色产品之一，应熟练掌握此产品的制作工艺。

三、相关链接

1. 及时检测消毒液的有效氯浓度,如有下降,应更换消毒液。

2. 甲醛气体消毒有一定毒性和特殊臭味,用于肉制品加工车间消毒时,室内不可存放产品,并做好个人防护。

3. 开始清洗设备时,不要用 80 ℃以上热水,否则会使肉品上的蛋白质粘在机器上,除掉很困难。可借助洗涤溶液清除残留在设备各部位的碎肉屑,也可使用刷子清洗。之后,必须擦干所有部件,避免微生物在潮湿的表面繁殖。

4. 臭氧消毒后,45 min 之内严禁任何人员进入消毒房间,消毒时间误差应在 5 min 以内,以保证消毒效果。

5. 清洁剂和消毒剂的使用必须有厂家提供的合格证、使用说明书,特别是消毒剂要有生产许可证和卫生许可证。

四、任务分析

(一)灌制品工艺要点

1. 选料

原料肉应来自经兽医检验合格的、质量好的、新鲜的健康牲畜肉。猪肉按照不同配方标准组成肉馅,牛肉则使用瘦肉,不用脂肪。肠类制品中加入一定数量的牛肉,可提高肉馅的黏着力和保水性,使肉馅色泽美观,增加弹性。

2. 腌制

原料中加入一定量的食盐和亚硝酸盐,能提高风味,且具有一定的保水性和贮藏性。将肉馅装入高边的不锈钢盘或无毒、无色的食用塑料盘内,在 0~4 ℃的冷库内腌制 2~3 天。

3. 绞肉

用绞肉机将肉或脂肪切碎称为绞肉。先清洗绞肉机,绞肉时肉温应不高于 10 ℃,通过绞肉工序,原料肉被绞成细肉馅。

4. 斩拌

将绞碎的原料肉置于斩拌机的料盘内,剁至糊浆状称为斩拌。目的是使肉馅均匀混合或提高肉的黏着性,增加肉馅的保水性和出品率,减少油腻感,提高嫩度。改善肉的结构状况,使瘦肉和肥肉充分拌匀,结合得更牢固。提高制品的弹性,烘烤时不易"起油"。在斩拌机和刀具检查清洗之后,即可进入斩拌操作。

5. 搅拌

搅拌的目的是使原料和辅料充分结合,使斩拌后的肉馅继续通过机械搅动达到最佳乳化效果。

一般搅拌 5 ~ 10 min。

6. 充填

充填主要是将制好的肉馅装入肠衣或容器内,成为定型的肠类制品。充填操作时注意肉馅装入灌筒要紧要实;手握肠衣要轻松,灵活掌握,捆绑灌制品要结紧结牢,不松散,防止产生气泡。

7. 烘烤

烘烤的作用是使肉馅的水分再蒸发掉一部分,使肠衣干燥,紧贴肉馅,并和肉馅黏合在一起,防止或减少蒸煮时肠衣的破裂。另外,烘干的肠衣容易着色,且色调均匀。烘烤温度为 65 ~ 70 ℃,一般烘烤 40 min 即可。

8. 煮制

肠类制品煮制一般用方锅,锅内铺设蒸汽管,锅的大小根据产量而定。煮制时先在锅内加水至锅容量的 80% 左右,随即加热至 90 ~ 95 ℃,再保持水温 80 ℃左右,将肠制品放入锅内,排列整齐。其中心温度为 72 ℃时,证明已煮熟。

9. 熏制

熏制主要是赋予肠类制品以烟熏的特殊风味,增强制品的色泽,并通过脱水作用和熏烟成分的杀菌作用增强制品的保藏性。

(二)松仁小肚制作工艺及操作要点

1. 工艺流程

浸泡肚皮→选料→拌馅→灌制→晾晒→贮藏。

2. 配料

猪瘦肉 80 kg,肥肉 20 kg,250 g 的肚皮 400 只,白糖 5.5 kg,精盐 4 ~ 4.5 kg,香料粉 25 g(花椒 100 份、大茴香 5 份、桂皮 5 份,焙炒成黄色,粉碎过筛),松仁 20 g。

3. 工艺及操作要点

(1)浸泡肚皮。不论干制肚皮还是盐渍肚皮都要进行浸泡。一般要浸泡 3 h 乃至几天不等。每万只膀胱用明矾末 0.375 kg。先干搓,再放入清水中搓洗 2 ~ 3 次,里外层要翻洗,洗净后沥干备用。

(2)选料。选用新鲜猪肉,取其前、后腿瘦肉,切成筷子粗细、长约 3.5 cm 的细肉条,肥肉切成丁块。

(3)拌馅。先按比例将香料加入盐中拌匀,加入肉条和肥丁,混合后加糖,充分拌匀,放置 15 min 左右,待盐、糖充分溶解后进行灌制。

(4)灌制。根据膀胱大小,将肉馅称量灌入,大膀胱灌馅 250 g,小膀胱灌馅 175 g。灌完后针刺放气,然后用手握住膀胱上部,在案板上边揉边转,直至香肚肉料呈苹果状,再用麻绳扎紧。

(5)晾晒。将灌好的香肚,吊挂在阳光下晾晒,冬季晒 3 ~ 4 天,春季晒 2 ~ 3 天,晒至表皮干燥为止。然后转移到通风干燥室内晾挂,1 个月左右即为成品。

(6)贮藏。晾好的香肚,每 4 只为 1 扎,每 5 扎套 1 串,层层叠放在缸内,缸的中央留一钵口大小的圆洞,按百只香肚用香油 0.5 kg,从顶层香肚浇洒下去。以后每隔 2 天浇 1 次,用长柄勺子把底层香油舀起,复浇至顶层香肚上,使每只香肚的表面都涂满香油,防止霉变和氧化,以保持浓香色艳。用这种方法可将香肚贮存半年之久。

4. 质量标准

肚皮干燥完整且紧贴肉馅,无黏液及霉点,有弹性,切面坚实,肉馅有光泽,肌肉灰红至玫瑰红色,脂肪白色或稍带红色,具有香肚固有的风味。

(三)哈尔滨水晶肚制作工艺及操作要点

水晶肚是一种高级风味产品,切断面光润透明,富有弹性,味美适口,颇受广大消费者欢迎。

1. 工艺流程

原料肉选择及整理→配料→熬汁→拌馅→灌制→煮制→熏制。

2. 工艺及操作要点

(1)原料肉选择及整理。选用符合国家肉品检验条例规定的猪瘦肉,并将其切成 4~5 cm 长、3~4 cm 宽、2~2.5 cm 厚的肉片。

(2)配料。哈尔滨水晶肚配方见表 4-1。

表 4-1 哈尔滨水晶肚配方

单位: kg

材料	质量	材料	质量	材料	质量
猪瘦肉	50	味精	0.1	大葱	1.5
猪肉皮	25	五香粉	0.1	鲜姜	1
精盐	1.25	桂皮面	0.1	香油	1

(3)熬汁。把洗净除毛的猪肉皮放入清水锅内煮至半熟捞出,切成黄豆大小的方块,再下锅,注入清水 40 kg 左右,熬成浓稠状的胶汁。

(4)拌馅。把熬好的胶汁倒入拌馅槽内,冷却到 40~50 ℃,把葱、姜切成细粒,将切好的肉片和所有的调料混合在一起,搅拌均匀。

(5)灌制。把猪大肚或猪小肚洗净,沥干水分,然后把拌好的肉馅装入肚内,容量在 80%~90%。将大肚两头用线绳扎紧,如用猪小肚则用竹针缝好肚口。

(6)煮制。洗净肚外的残汤,把灌好的肚用手捏匀,开水下锅,然后用文火焖熟。煮制时间大肚为 3~3.5 h,小肚煮 2 h 即可出锅。

(7)熏制。熏锅或熏炉内糖和锯末的比例为 3:1,即 3 kg 糖,1 kg 锯末。把煮好的小肚装入熏屉,肚间间隔 3~4 cm,便于熏透和熏制均匀。熏制 6~7 min 出炉,去竹针,即为成品。

五、任务布置

总体任务
任务1　每个小组各制作2个松仁小肚。
任务2　根据成品计算成品的出品率。
任务3　核算成品的生产成本。
任务4　根据成品总结质量问题及生产控制方法。
任务5　完成松仁小肚制作任务单。

任务分解				
步骤	教学内容及能力/知识目标	教师活动	学生活动	时间
1	能查找松仁小肚生产国家标准。	1.明确生产任务。	1.接受教师提出的工作任务,聆听教师关于灌制方法的讲解。	35 min
		2.将任务单发给学生。	2.通过咨询车间主任(教师扮演)确定生产产品的要求。	
		3.采用PPT讲解灌制方法和生产要点。	3.通过查阅资料,填写任务单部分内容。	
2	学习制作松仁小肚所用的仪器设备: 1.能使用制作松仁小肚所用的工具和设备。 2.能对工具和设备进行清洗与维护。	1.为学生提供所需刀具、器具和设备,并提醒学生安全注意事项。	1.根据具体的生产任务和配方的要求,选择合适的工具。	10 min
		2.为学生分配原料肉;接受学生咨询,并监控学生的讨论。	2.分成6个工作小组,并选出组长。	
3	制订生产计划: 1.能够掌握松仁小肚生产计划的制订。 2.能学会与小组成员默契配合。	1.审核学生的生产计划。	1.以小组讨论协作的方式,制订生产计划。	15 min
		2.对各生产环节提出修改意见。		
		3.接受学生咨询并监控学生讨论。	2.将制订的生产计划与教师讨论并定稿。	

续表

		任务分解		
步骤	教学内容及能力/知识目标	教师活动	学生活动	时间
4	松仁小肚制作: 1. 能配合小组成员完成松仁小肚的生产。 2. 对松仁小肚生产中出现的质量问题能进行准确描述。 3. 能掌握松仁小肚生产工艺流程。	1. 监控学生的操作并及时纠正错误。	1. 用刀具修整。	280 min
		2. 回答学生提出的问题。	2. 用夹层锅进行煮制。	
			3. 手工进行整形、系绳。	
		3. 对学生的生产过程进行检查。	4. 在任务单中记录工艺数据。	
5	计算松仁小肚出品率、成本: 1. 能对成品进行评定。 2. 能计算成品出品率及生产成本。	1. 讲解成品出品率及成本核算的方法。	1. 学习成品出品率及成本的核算方法。	25 min
		2. 监控学生的操作并及时纠正错误。	2. 评定产品是否符合生产要求。	
		3. 回答学生提出的问题。	3. 计算本组制作的松仁小肚出品率及生产成本。	
6	产品评价: 1. 能客观评价自我工作及所做的产品。 2. 对其他小组产品能做出正确评价。	1. 对各小组工作进行综合评估。	1. 以小组讨论方式进行产品评价。	10 min
		2. 提出改进意见和注意事项。	2. 根据教师提出的意见修改生产工艺条件。	
7	考核	明确考核要点	参与松仁小肚工艺考核	60 min
8	管理	分配清洁任务	参与清场	15 min
作业	独立完成任务单上的总结和习题			
课后体会				

六、工作评价

对照成品进行评价,完成报告单。

<table>
<tr><td colspan="4" align="center">松仁小肚制作报告单</td></tr>
<tr><td colspan="4">　　　　姓名:_____ 专业班级:_____学号:_____组别:_____</td></tr>
<tr><td colspan="4">一、任务目标
1.通过任务,使学生学会灌肠肉制品的加工原理与方法。
2.掌握松仁小肚加工的操作要点。
3.锻炼学生的动手能力及团队合作意识。
二、课堂习题
1. 简述烟熏的方法。

2. 烟熏液有哪些应用方法?

3. 简述烟熏的成分及作用。

4. 减少烟熏中有害成分的措施有哪些?

5. 烟熏对肉制品有哪些作用?

6. 简述肉品烤制的方法。

7. 列举1种典型熏烤肉制品的加工工艺及操作要点。

</td></tr>
</table>

续表

松仁小肚制作报告单
姓名:_____ 专业班级:_____ 学号:_____ 组别:_____
三、方法步骤   1. 工艺流程: 2. 操作要点: (1)原料选择: (2)预处理: (3)配料: (4)制馅: (5)灌制: (6)煮制: (7)成品: 四、注意事项   1.   2.   3.   4.   5.   6.

续表

松仁小肚制作报告单
姓名：_____ 专业班级：_____ 学号：_____ 组别：_____
五、结果分析
六、完成情况
七、心得体会
八、不足与改进
九、教师点评_____   _____

七、实践回顾

香肚质量标准引用中华人民共和国国家标准香肠（腊肠）、香肚卫生标准 GB 10147 - 88（表 4 - 2、表 4 - 3）。

表4-2　香肚感观指标

项目	一级鲜度	二级鲜度
外观	肠衣(或肚皮)干燥完整且紧贴肉馅,无黏液及霉点,坚实或有弹性	肠衣(或肚皮)稍有湿润或发黏,易与肉馅分离,但不易撕裂,表面稍有霉点,但抹后无痕迹,发软而无韧性
组织状态	切面坚实	切面齐,有裂隙,周缘部分有软化现象
色泽	切面肉馅有光泽,肌肉灰红至玫瑰红色,脂肪白色或稍带红色	部分肉馅有光泽,肌肉深灰或咖啡色,脂肪发黄
气味	具有香肚固有的风味	脂肪有轻微酸味,有时肉馅带有酸味

表4-3　香肚理化指标

项目	指标
水分/%	≤25
食盐/%(以 NaCl 计)	9
酸价/(毫克/每克脂肪)(以 KOH 计)	≤4
亚硝酸盐/(mg/kg)(以 $NaNO_2$ 计)	≤20

八、课后作业

1. 试阐述南京香肚的加工工艺及操作要点。

2. 总结自己制作的松仁小肚与市场售卖的松仁小肚、罗汉肚等产品有何显著不同。

任务二　粉肠制作

【知识目标】

1. 能掌握粉肠生产工艺流程；
2. 能说出粉肠生产工艺操作要点；
3. 能查找粉肠生产工艺国家标准。

【技能目标】

1. 能使用粉肠生产工具、设备并维护；
2. 能对粉肠生产工艺中出现的质量问题提出整改建议；
3. 能独立完成粉肠制作并核算产品出品率；
4. 能配合小组成员对成品进行客观评价并总结。

一、工作条件

粉肠属于中式产品，加工工艺与松仁小肚相同，两者形状有区别，最终风味的形成主要是烟熏工艺。主要设备有填充机、扭结机、挂肠机、填充结扎机等。

（一）充填机

将肉馅填充到肠衣中的设备称为充填机，是加工香肠类产品及火腿类产品不可缺少的设备。

充填机按作用力形式分为手动式、气压式、液压式和机械式；按送料机构可分为活塞式和机械泵式；按机器外形可分为立式和卧式；按操作方式可分为间隙式和连续式。另外，还有专做压缩火腿的充填机。下面重点介绍活塞式和机械泵式充填机。

1. 气压式活塞充填机

（1）构造。气压式活塞充填机主要由空气压缩机、贮肉容器、带有合成橡胶密封环的活塞、充填喷嘴、将肉隔断的阀门、容器上盖、阀门开关等部分组成。图 4 - 1 为气压式活塞充填机结构示意图。

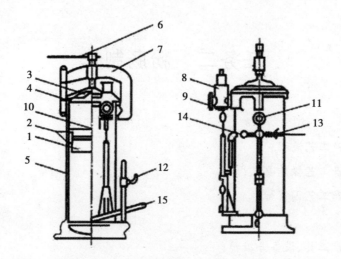

图 4-1　气压式活塞充填机结构示意图

1.活塞;2.活塞衬垫;3.盖子;4.盖子垫;5.圆筒;6.盖把手;7.臂;8.圆筒快门;

9.开阀口连接螺旋;10.活塞调整螺纹;11.气压表;12.安全阀;13.气塞;14.气阀;15.脚踏装置

（2）工作过程。由空气压缩机送出的压缩空气进入活塞下部,形成将活塞上推的压力,使之经常处于加压状态,一打开充填阀门,活塞上部筒内的肉料就会被挤压充填到肠衣中去。

2.操作注意事项

（1）上料的过程中,需拍击捣动,尽量不让空气进入,否则在灌肠时易形成气泡而影响肉肠质量。

（2）活塞滑动面上装的橡胶密封圈,要注意保持完好,以免空气或油进入物料。

（3）充填时应注意肉块大小和肠衣的粗细等,必要时可适当调节送肉压力。

（4）使用后要及时清洗肉缸和出肉管道,确保安全卫生。

3.机械泵式充填机

机械泵式充填机所用的机械泵有齿轮泵、螺杆泵和叶片泵。其结构和工作原理均与普通的同类型泵相同。对肉料的输送而言,叶片泵的性能最好,目前比较先进的充填机多采用叶片泵,三种泵的性能比较如表4-4所示。

表4-4　三种泵的性能比较

比较项目	齿轮泵	螺杆泵	叶片泵
效率	低	较低	较高
压力	高	较高	低
对肉挤压	强	中	柔和
转速	高 750~1500 r/min	高 1200~1400 r/min	低 4~30 r/min
温升	高	较高	低
容积可调性	不可调	不可调	可调
磨损	高	高	较低
振动、噪声	高	低	低
结构	简单	简单	较复杂
实用性	肉糜	肉糜、小肉块	肉糜、肉块

二、情境导入

哈市某副食品店生产的粉肠深受消费者喜欢,主要原因是价格低廉、质量好,公司领导要求你所在的中式产品工段也生产此质量的粉肠,因此应掌握粉肠的生产工艺和操作要点。

三、相关链接

肉品实行热加工的工艺过程为煮制。煮制的作用是改善感观的性质,使肉黏着、凝固,固定制品的形态,使制品可以切成片状;稳定肉的色泽;抑制微生物的生长和酶的活性;使制品产生特有的风味、达到熟制;提高制品的耐保存性。

(一)高温肉制品与低温肉制品

高温肉制品加热介质温度通常为 115 ℃,主要是罐头类制品,在加热过程中制品已达到商业无菌。可在常温下进行流通,保质期在 25 ℃以下可达 6 个月。但加工过程中的高温处理会使制品品质下降,如营养损失、风味劣变(蒸煮味)等。

低温肉制品在低温条件加工,采用较低温度进行巴氏杀菌和贮存。加工过程中要求加热温度为65~70 ℃。这个温度保持了肉原有的组织结构和天然成分,营养素破坏少,具有营养丰富、口感嫩滑的特点,但这个温度只能杀死肉制品的一部分细菌或细菌的营养体,而不能杀死细菌的孢子体,所以必须辅以低温贮藏才能保持肉品的卫生。在贮存和销售过程中要求温度条件必须是在 0~10 ℃。

(二)煮制的方法

肉品煮制的方法包括常压煮制和高压煮制。常压煮制是在常压下利用一般煮制容器进行,温度保持在沸点以下,可在蒸煮室或在恒温水浴锅中进行。高压煮制则在高压容器内进行,温度要求达到121 ℃,并保持一段时间。

(三)肉类在煮制过程中的变化

1.质量减轻、肉质收缩变硬或软化

肉类在煮制过程中最明显的变化是失去水分、质量减轻,如以中等肥度的猪肉、牛肉、羊肉为原料,在 100 ℃的水中煮沸 30 min 质量减少的情况如表 4-5 所示。

表 4-5 肉类水煮时质量的减少

单位:%

名称	水分	蛋白质	脂肪	其他	总量
猪肉	21.3	0.9	2.1	0.3	24.6
牛肉	32.2	1.8	0.6	0.5	35.1
羊肉	26.9	1.5	6.3	0.4	35.1

为减少肉类煮制时营养物质的损失、提高出品率,可在原料加热前进行预煮。

2. 肌肉蛋白质的变化

肉经加热煮制,体积缩小,有大量的汁液分离,这是构成肌肉纤维的蛋白质因热变性发生凝固引起的。

3. 肉保水性的变化

肉保水性因加热的温度不同而不同。20~30 ℃时,保水性没有发生变化;30~40 ℃时,保水性逐渐降低;40 ℃开始急剧下降;50~55 ℃时,基本停止;55 ℃以上,保水性继续下降;60~70 ℃时,大体结束了。肉的 pH 值也随着加热温度升高而增大。

4. 脂肪的变化

加热时脂肪熔化,包围脂肪的结缔组织受热收缩使脂肪细胞受到较大的压力,细胞膜破裂,脂肪熔化流出。随着脂肪的熔化,释放出某些与脂肪相关联的挥发性物质,这些物质给肉和肉汤增加了香气。脂肪在加热过程中有一部分发生水解,生成脂肪酸,因而使酸价有所升高,同时也发生了氧化作用,生成氧化物和过氧化物。

5. 风味的变化

肉的风味与氨、硫化氢、胺类、羰基化合物、低级脂肪酸等有关,加热可导致肉中的水溶性成分和脂肪发生变化。生肉的香味很弱,但加热之后,不同种类动物肉会产生很强烈的特有风味。

6. 颜色的变化

颜色受加热的方法、时间、温度的影响。60 ℃以下,肉的颜色几乎没有什么变化,仍呈鲜红色;60~70 ℃时,变为粉红色;70~80 ℃时,变为淡灰色,这是肌肉中的色素肌红蛋白热变性的变化而造成的。肉类在煮制时,都以沸水下锅,一方面使肉表面蛋白质迅速凝固,阻止了可溶性蛋白质溶入汤中;另一方面可以减少大量的肌红蛋白质溶入汤中,保持肉汤的清澈。

7. 浸出物的变化

在加热过程中,由于蛋白质变性和脱水的结果,汁液从肉中分离出来,汁液中含有浸出物质,这些浸出物质溶于水,易分解,并赋予煮熟肉特殊的风味。

8. 维生素的变化

肌肉与脏器组织中含 B 族维生素多,主要是硫胺素、核黄素、烟酸、维生素 B_6、泛酸、生物素、叶酸及维生素 B_{12} 等,脏器组织中含一些维生素 A 和维生素 C。在热加工过程中维生素的含量通常会降低,损失的量取决于处理的程度和维生素的敏感性。

四、任务分析

（一）灌肠制作工艺及操作要点

1. 工艺流程

原料肉的选择及整理→腌制→绞肉→斩拌→搅拌→充填→烘烤→煮制→熏制→成品。

2. 操作要点

(1)原料肉的选择及整理。生产灌肠的原料肉范围很广,凡是热鲜肉、冷却肉或解冻肉等都可用来生产灌制品。主要有猪肉和牛肉,另外羊肉、禽肉、鱼肉和兔肉等均可作为灌肠的原料。灌制品的质量好坏与选料有密切关系,生产灌肠所用的原料肉必须是健康安全的,并经兽医卫生检验合格的肉。原料肉在使用前要进行剔骨处理,并除去皮、碎骨、软骨、筋腱、结缔组织、淋巴结等,然后将大块肉按需要切块。

瘦肉的切块:将瘦肉按肌肉组织的自然块分开,顺肌纤维方向切成 100~150 g 的小块。

肥肉的切块:一般选用背部较厚的皮下脂肪,并切成 1 cm³ 的肥肉丁或块。

猪肉用瘦肉作肉糜、肉块或肉丁,而肥膘则切成肥膘丁或肥膘颗粒,按照不同配方标准加入瘦肉中,组成肉馅。

牛肉只用瘦肉,一般不用脂肪。灌制品中加入一定比例的瘦牛肉,可以提高制品的营养价值,改善肉馅的黏着力和保水性,使肉馅色泽美观,富有弹性。由于牛肉的脂肪熔点高,不易熔化,如果将它加入肉馅中会使肉灌制品发硬,难于咀嚼,这种情况特别在灌制品冷食时最为明显。

(2)腌制。腌制料主要有食盐、硝酸钠(或亚硝酸钠),有时也加入磷酸盐、维生素 C 等。腌制可提高肉的黏着力、保水性和防腐性等,并使瘦肉呈鲜艳的玫瑰红色。

瘦肉的腌制。每 100 kg 瘦肉用食盐 3~5 kg(一般用 3.5 kg),硝酸钠 50 g,有时加入 0.4% 的磷酸盐和 0.1% 的抗坏血酸盐等。将腌料与瘦肉充分混合均匀,置于腌制室内。腌制时间为 72 h,腌制温度为 2~4 ℃。待肉块切面变成玫瑰红色,且较坚实有弹性、无黑心时腌制结束。

脂肪的腌制。每 100 kg 脂肪用食盐 3~4 kg,一般不加硝酸钠。去皮脂肪的腌制与瘦肉的腌制相同,带皮大块脂肪要在脂肪表面均匀地擦上一层盐,进行码垛腌制,腌制时间为 3~5 天。脂肪坚实,不绵软,切开后内外呈均一的乳白色即为腌制结束。

腌制室要求。室内清洁卫生,阴暗不透阳光,空气相对湿度为 90% 左右,温度在 10 ℃ 以内,最好为 2~4 ℃;室内要有制冷和排水设备,以便于降温和卫生处理。

(3)绞肉。腌制后的肉块,需要用绞肉机绞碎,绞肉能使余下的结缔组织、筋膜等同肌肉一起被绞碎,同时增加肉的保水性和黏着性。绞肉之前,需检查金属筛板和刀刃部是否吻合,之后要清洗绞肉机。牛肉纤维组织坚实,可先粗绞后再用 2~3 mm 孔径绞肉机绞碎。由于肉与机器摩擦温度会升高,必要时需进行冷却处理,使肉温低于 10 ℃。

(4)斩拌。斩拌的目的是为了增加肉馅的保水性和出品率,减少油腻感,提高嫩度,改善肉的结构状况,使肉馅瘦肉和肥肉充分拌匀,结合得更牢固,提高黏着性,提高制品的弹性,烘烤时不易出现"起油"现象。肉馅的保水性与切碎程度有关,且随脂肪含量的增多而减小。

在斩拌机和刀具检查清洗之后,即可进入斩拌操作。斩拌的次序是先牛肉后猪肉,先瘦肉后肥肉。牛肉的脂肪较少,结缔组织较多,耐热力强,所以先放入斩拌机中,然后加入猪肉,注意肉不要集中于一处,宜全面铺开,然后启动斩拌机,斩拌时要加入适量的冰水,以利于斩拌,加水量一般为每50 kg 原料加水 1.5 ~ 2 kg,夏季最好用冰屑,先斩拌 3 min,然后把调味料、香辛料加入肉馅中,再继续斩拌 1 ~ 2 min,最后加入脂肪混合均匀,直至斩拌成黏性的糯糊状为止。

对斩拌有一定的技术要求:

① 斩拌机须清洁卫生,斩肉刀要保持锋利。

② 斩拌时间 5 ~ 10 min,使制品无小颗粒,肌纤维均匀而细嫩。

③ 斩拌时注意降低温度,可加入冰水或冰屑,斩拌后肉温应在 10 ℃ 以下。

④ 斩拌成品吸附水分能力好,细而密度大,黏结力强,富有弹性。

(5)搅拌。搅拌的目的是使原料和辅料充分结合,使斩拌后的肉馅继续通过机械搅动达到最佳乳化效果。认真清洗搅拌机后,先将肉馅倒入搅拌均匀,再将各种辅料用水调好后倒入搅拌机,脂肪后加。拌馅时水分添加量根据原料肉的品质、比例及淀粉添加量决定,一般每 50 kg 原料加水 10 ~ 15 kg,夏季最好加冰屑水,防止肉馅升温变质。搅拌时肉馅的温度应低于 10 ℃,拌馅时间应根据肉馅是否有黏性来决定。

(6)充填。灌制前先将肠衣用温水浸泡,再用清水反复冲洗干净,并检查是否有漏洞。灌制时注意松紧适度,手握肠衣要轻松,灵活掌握,过紧则在煮制时由于体积膨胀使肠衣破裂,灌得过松煮后肠体会出现凹陷变形。然后将灌肠用绳扎结,每节 20 ~ 25 cm,吊挂在木杆上,并用清水冲去污物。

(7)烘烤。烘烤目的:经烘烤的蛋白质肠衣发生凝结并使其灭菌,肠衣表面干燥柔韧,增强肠衣的坚固性,防止或减少煮制时肠衣的破裂,使肌肉纤维相互结合起来提高固着能力。烘烤时肠馅温度升高,促进硝酸盐的作用,使肠馅迅速变为红色。烘干的肠衣容易着色,且色泽均匀。

烘烤材料:用不含树脂的木材进行烘烤,如椴木、榆木、柞木、柏木等,不能用松木。因松木含有大量油脂,燃烧时产生大量黑烟,会使肠衣表面变黑,影响灌肠品质。也可用无烟煤和焦炭代替木材烘烤。

烘烤方法:首先点燃炉火,使烘烤炉内温度升高到 60 ~ 70 ℃,将装有灌肠的铁架推入炉内,关好炉门。注意低层肠底端与火相距 60 ~ 100 cm 以上,以免使肠烤焦和烤制不均匀。每 5 ~ 10 min 翻炉一次(上下肠、里外肠),特别是烘烤细肠时更应特别注意检查。

烘烤时间:灌肠的烘烤时间和温度可以参照表 4-6 的数据。

烘烤成熟标准:肠衣表面干燥、光滑,变为粉红色,手摸没有黏湿感觉,有"沙沙"声音;肠衣呈半透明状,且紧紧包裹肉馅,部分或全部透出肉馅的色泽;肠衣表面特别是靠火焰近的一端不出现流油现象。若有油流出,表明温度过旺、时间过长或烘烤过度。

表4-6　灌肠烘烤时间和温度

烘烤制品	时间/min	烘烤温度/℃
小灌肠	20～25	50～60
中粗灌肠	40～45	75～85
粗灌肠	60～90	70～85

(8)煮制。灌制品烘烤后应立即煮制,不宜搁置过久,否则容易酸败变质。

煮制目的:煮制后瘦肉中的蛋白质凝固,部分胶原纤维转变成明胶,形成微细结构的柔软肠馅,使其易消化,产生挥发性香气,杀死肠馅内的部分病原菌,破坏酶的活性。

煮制方法:一种是蒸汽煮制法,在坚固而密封的容器中进行,适合较大的肉制品厂;另一种为水煮制法,大多数肉制品厂采用此种方法。

肠类制品煮制一般使用方形锅,锅内铺设蒸汽管或利用电热棒加热。煮制时锅内加水量一般为容重的80%,锅内水温加热到90～95 ℃时将灌肠下锅,注意下锅时每杆之间应留有一定间隙,以利于热对流,保持水温在80～85 ℃,水温太低不易煮透,温度过高易将灌肠煮破,且易使脂肪熔化。用手触摸,肠体硬挺,弹性强,肠体中心温度72 ℃以上,说明灌肠已煮好。煮制时间为10～20 min。

(9)熏制。熏制主要是赋予肠类制品烟熏的特殊风味,除掉一部分水分,使肠体干燥有光泽,肠馅呈鲜红色,肠衣表面起皱纹,并通过脱水作用和熏烟成分的杀菌作用增强制品的保藏性。

3. 质量标准

熏制好的灌肠具有以下特征:

(1)肠体表面皱纹均匀,干燥而潮润,纹状似小红枣,具有一定的光亮度。

(2)肉馅有弹性,断面色泽一致,呈淡红色,口尝有特殊烟熏香味。

(3)肠衣稍干硬且紧紧贴住肉馅,靠近火的一端不流油、不松软,无焦苦味。出炉后以自然冷却为好,也可排风冷却,不宜立即放进冷藏室。

(二)粉肠制作工艺及操作要点

1. 工艺流程

浸泡肠衣→选料→配方→拌馅→灌制→扎口→烟熏→贮藏→煮制。

2. 操作要点

(1)浸泡肠衣。无论干肠衣、盐渍肠衣还是天然动物肠衣都要进行浸泡,然后清洗干净,沥去水分。

(2)选料。最好选择新鲜的腿肉,分割下脚料也可使用,要除去筋膜、肌腱、淋巴、伤斑等,以免影响风味。

(3)配方见表4-7。

表4-7 粉肠配方

单位：kg

材料	质量	材料	质量	材料	质量
瘦肉	70	食盐	3	葱姜	适量
肥肉	30	亚硝酸钠	0.01	花椒粉	0.05

（4）拌馅。将瘦肉肥肉用篦孔直径3 mm的绞肉机绞碎，然后将各种调料加入肉中搅拌均匀，静置20 min，待各种配料充分溶解渗入到肉馅后即装馅，切勿放置太久。

（5）灌制。将肉馅装入泡好的肠衣内，每节20～25 cm，松紧适度。

（6）扎口。采用线绳结扎法，操作快而简便，易于晾挂。

（7）煮制。水温保持80～85 ℃，煮制30 min。注意轻轻翻动肠体，避免破裂。

（8）烟熏。木屑和白糖比例为2∶1，放入烟熏炉，温度55～60 ℃，熏制15 min。

（9）贮藏。0～4 ℃环境保藏，因水分含量较高，不宜采用真空包装，尽快食用。

3. 质量标准

粉肠外观整齐，肠衣薄而干燥，富有弹性，皮不离馅，不易破裂，肉质坚实而有弹性，无黏液，无霉斑，切开后肉质紧密而不松散，瘦肉呈玫瑰红色，脂肪呈白色，具有粉肠的特殊风味。理化指标符合国家有关规定。

五、任务布置

总体任务
任务1　每个小组各制作10根粉肠。
任务2　根据成品计算成品的出品率。
任务3　核算成品的生产成本。
任务4　根据成品总结质量问题及生产控制方法。
任务5　完成粉肠制作任务单。

	任务分解			
步骤	教学内容及能力 /知识目标	教师活动	学生活动	时间
1	能查找粉肠生产国家标准。	1. 明确生产任务。	1. 接受教师提出的工作任务，聆听教师关于烟熏方法的讲解。	35 min
		2. 将任务单发给学生。	2. 通过咨询车间主任（教师扮演）确定生产产品的要求。	
		3. 采用PPT讲解灌制、烟熏方法和生产要点。	3. 通过查阅资料，填写任务单部分内容。	

续表

任务分解				
步骤	教学内容及能力/知识目标	教师活动	学生活动	时间
2	学习制作粉肠所用的仪器设备： 1. 能使用制作粉肠所用的工具和设备。 2. 能对工具和设备进行清洗与维护。	1. 为学生提供所需刀具、器具和设备，并提醒学生安全注意事项。	1. 根据具体的生产任务和配方的要求，选择合适的工具及烟熏设备。	10 min
		2. 为学生分配原料肉；接受学生咨询，并监控学生的讨论。	2. 分成 6 个工作小组，并选出组长。	
3	制订生产计划： 1. 能够掌握粉肠生产计划的制订。 2. 能学会与小组成员默契配合。	1. 审核学生的生产计划。	1. 以小组讨论协作的方式，制订生产计划。	15 min
		2. 对各生产环节提出修改意见。		
		3. 接受学生咨询并监控学生讨论。	2. 将制订的生产计划与教师讨论并定稿。	
4	粉肠制作： 1. 能配合小组成员完成粉肠的生产。 2. 对粉肠生产中出现的质量问题能进行准确描述。 3. 能掌握粉肠生产工艺流程。	1. 监控学生的操作并及时纠正错误。	1. 用刀具修整。	100 min
		2. 回答学生提出的问题。	2. 用烟熏炉进行熏制。	
			3. 手工进行整形、系绳。	
		3. 对学生的生产过程进行检查。	4. 在任务单中记录工艺数据。	
5	计算粉肠出品率、成本： 1. 能对成品进行评定。 2. 能计算成品出品率及生产成本。	1. 讲解成品出品率及成本核算的方法。	1. 学习成品出品率及成本的核算方法。	25 min
		2. 监控学生的操作并及时纠正错误。	2. 评定产品是否符合生产要求。	
		3. 回答学生提出的问题。	3. 计算本组制作的粉肠出品率及生产成本。	
6	产品评价： 1. 能客观评价自我工作及所做的产品。 2. 对其他小组产品能做出正确评价。	1. 对各小组工作进行综合评估。	1. 以小组讨论方式进行产品评价。	10 min
		2. 提出改进意见和注意事项。	2. 根据教师提出的意见修改生产工艺条件。	
7	考核	明确考核要点	参与粉肠工艺考核	60 min
8	管理	分配清洁任务	参与清场	15 min
作业	独立完成任务单上的总结和习题			
课后体会				

六、工作评价

对照成品进行评价,完成报告单。

粉肠制作报告单
姓 名:＿＿＿＿＿＿ 专业班级:＿＿＿＿＿＿ 学号:＿＿＿＿＿＿ 组别:＿＿＿＿＿＿
一、任务目标 1. 通过任务,使学生学会灌肠肉制品的加工原理与方法。 2. 掌握粉肠加工的操作要点。 3. 锻炼学生的动手能力及团队合作意识。 二、课堂习题 1. 中式肠类制品有什么特色?   2. 肠类制品加工中,充填过程应注意什么问题?   3. 造成灌肠发色次、无光泽的原因是什么?   4. 搅拌操作的程序是怎样的?   5. 肠衣外表无皱纹的原因是什么?   三、方法步骤 1. 工艺流程: 2. 操作要点: (1)原料选择:

续表

粉肠制作报告单
姓 名：＿＿＿＿＿＿ 专业班级：＿＿＿＿＿＿＿ 学号：＿＿＿＿＿＿＿ 组别：＿＿＿＿＿＿
（2）预处理： （3）配料： （4）制馅： （5）灌制： （6）煮制： （7）成品： 四、注意事项 1. 2. 3. 4. 5.   五、结果分析   六、完成情况

续表

<table>
<tr><td colspan="4" align="center">粉肠制作报告单</td></tr>
<tr><td>姓 名：_____ 专业班级：_____ 学号：_____ 组别：_____</td></tr>
<tr><td>七、心得体会

</td></tr>
<tr><td>八、不足与改进

</td></tr>
<tr><td>九、教师点评_____</td></tr>
</table>

七、实践回顾

肠体外部形态的感观指标:肠衣干燥完整,并与内容物紧密结合,坚实而有弹性,皮呈紫红色,色泽鲜艳。外形方面的质量问题常见的不合格现象有以下几种。

1. 肠衣破裂

产生这种现象的原因有:

(1)肠衣方面。如果肠衣本身有不同程度的腐败变质,肠壁就会厚薄不匀、松弛、脆弱、抗破坏力差,而有盐蚀的肠衣,肠衣收缩失去弹性,用这一类肠衣灌肠,势必造成破裂。

(2)肉馅方面水分较高者,在迅速加热时,肉馅膨胀而将肠衣胀破。肉馅填充过紧以及煮制烘烤时温度掌握不当也会引起肠衣破裂。

(3)工艺方面如肠粗细不一,用锅蒸煮时,则粗肠易裂;热烘时火力太大,温度过高,就会听到肠衣破裂的声音;热烘时间太短,没有烘到一定程度,肠衣蛋白质没有完全凝固就下锅煮制,肠衣经不住肉馅膨胀的压力;蒸煮时要注意不能开足蒸汽,以免局部温度过高,造成肠衣破裂。

2. 外表起硬皮

烟熏时火力大、温度高,或者肠下端离火堆太近,都会使肠下端起硬皮,严重时会起壳,造成肠馅分离。

3. 发色次、无光泽

烟熏时温度不够、熏烟质量较差,以及熏好后又吸潮的灌肠,肠衣光泽差。用不新鲜的肉馅灌制的产品,肠衣色泽也不鲜艳。如果烟熏时所用木材含水分多或使用软木,常使肠衣发黑。

4.颜色深浅不一

这除了因水煮的差异造成外,与烟熏也有关系。烟熏时温度高,颜色淡;温度低,颜色深。肠身外表干燥时色泽较淡;肠身外表潮湿时,烟气成分溶于水中,色泽会加深。如果烟熏时肠身搭在一起,则粘连处色淡。

5.肠身松软无弹性

产生这种缺陷的主要原因为:

(1)煮得不熟。肠身松软无弹力,且温度高时会产酸、产气、发胖,不能食用。

(2)肌肉中蛋白质凝聚不好,影响肠馅的乳化。①腌制不透,蛋白质的肌球蛋白没有全部从凝胶状态转化为黏着力强的溶胶状态,影响了肉馅的吸水能力。②机械斩拌不充分,肌球蛋白的释放不完全。③盐腌或操作过程中温度较高,会使蛋白质变性,破坏蛋白质的胶体状态,影响肉馅的保水能力,造成游离水外流、肠馅发渣。另外,添加淀粉等黏合剂也会影响到肠身的收缩程度,对灌肠的硬度、弹性有一定影响。

6.外表无皱纹

肠身外表的皱纹是由于熏制时肠馅水分减小、肠衣干缩而产生的。与灌肠本身质量及烟熏工艺有关。肠身松软无弹力的肠,成品时外观皱纹不好,有的显得很饱胀;肠直径较粗,肠馅水分过大,也会影响皱纹的产生;木材潮湿,烟气中湿度过大,温度上不来,或者烟熏程度不够,都会导致熏烤后没有皱纹。另外阴雨天空气湿度较大,原来有均匀皱纹的肠,如果暴露在外冷却,肠身吸潮,原来已有的皱纹也会消失。

八、课后作业

1.总结中式肠类制品的特点。

2.与市场销售产品进行对比,比较粉肠成品的质量。

任务三　法兰克福肠制作

【知识目标】

1. 能掌握法兰克福肠生产工艺流程；
2. 能说出法兰克福肠生产工艺操作要点；
3. 能查找法兰克福肠生产工艺国家标准。

【技能目标】

1. 能使用法兰克福肠生产工具、设备并维护；
2. 能对法兰克福肠生产工艺中出现的质量问题提出整改建议；
3. 能独立完成法兰克福肠制作并核算产品出品率；
4. 能配合小组成员对成品进行客观评价并总结。

一、工作条件

法兰克福肠是以鲜(冻)猪肉或牛肉为原料,经腌制或未经腌制,斩拌乳化成肉糜,再混合添加各种调味料、香辛料、黏着剂,充填入天然肠衣或人造肠衣中,经烘烤、烟熏、蒸煮、冷却等工序制成的肉制品。西方人经常用来制作热狗。

(一)斩拌目的

斩拌的目的,一是使原料肉馅产生黏着力,对原料肉进行细切;二是形成均匀的乳化物,将原料肉与各种辅料进行搅拌混合。

(二)斩拌机的分类

斩拌机分为真空斩拌机和非真空斩拌机两大类。真空斩拌机的优点是避免空气混入,防止脂肪氧化,保证产品风味,溶出更多的盐溶性蛋白,得到最佳的乳化效果,减少产品中细菌数,延长产品贮藏期,稳定肌红蛋白颜色,保护产品的最佳色泽。

(三)斩拌机的结构原理

斩拌机配备着一个装卸物料的脐型转盘和若干把高速旋转的切割刀具。它能把较大块的原料肉以及辅料、添加剂等斩拌成粗颗粒的肉馅或具有较强结合力的乳化肉。斩拌机的结构示意图如图4-2所示。

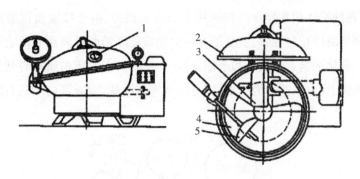

图4-2　真空斩拌机结构示意图

1.视孔;2.盖子;3.刀柄;4.转盘;5.出料器

（四）斩拌时的注意事项

1.斩拌机检查、清洗干净,先用肥皂水清洗,再用清水清洗。如果在气温较高的季节,在清洗后要在器皿中添加一些冰块,对斩拌机进行冷却处理。

2.绞好的肉馅,尽可能做到低温保存。如果离斩拌操作还需要一段时间,则要将肉放入冷库保存。

3.斩拌时要从最硬的肉开始依次放入,这样可以提高肉的黏着性,继而加入水及冰屑,然后添加调味料和香辛料以及其他增量材料、黏着材料。肉与这些添加材料均匀混合后,添加脂肪。在添加脂肪时,要一点一点添加,使脂肪均匀分布。若大块添加,则很难混合均匀。肉和脂肪混合均匀后,应迅速取出。

4.斩拌中要注意斩拌机容量和实际投入肉量的问题。

5.斩拌中,应保持低温,斩拌时肉温一定要控制在15 ℃以下,一旦肉温超过18 ℃,应该中止操作,进行冷却。

6.斩拌结束后,将盖子打开,清除盖内侧和刀刃部附着的肉,与下批肉一起再次斩拌。最后,要用肥皂水认真清洗斩拌机。然后用布等将机器盖好。

二、情境导入

法兰克福肠可作为早餐食用,深受大众喜欢,销售部门要求各专卖店加大宣传力度,因此生产车间就要增加生产量。身为生产人员,要想获得高质量的法兰克福肠,就应掌握工艺。

三、相关链接

（一）肉的乳化

所谓乳浊液是指一种分散在另一种不溶的液体中所构成的分散体系,其中一种为分散相,另一种为连续相,分散相以小液滴的形式分散在连续相中。当两种不溶的液体放在一起时,在两液体接触面上存在表面张力,使两种液体相互排斥。如果用手摇将其混合,由于接触面积增加,当静止时两种液体就会分开。如果要使液体均匀混合,就必须有一种物质能降低两种液面间的表面张力,一般我们称这种物质为乳化剂。乳化剂具有亲水基和亲油基两种基团,肉中的蛋白质本身就是一种乳化剂,在蛋白质分子的氨基酸侧链上,一些基团为亲水基,另一些为亲油基,因而蛋白质具有乳化性。图4-3为水包油型乳浊液。

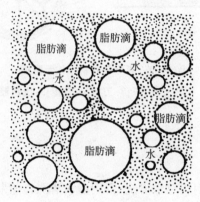

图4-3 水包油型乳浊液

肉糜的乳化可以用图4-4来说明。粗线条表示含肌球蛋白较多的肌原纤维,肌球蛋白在加热到58~68 ℃时就会发生凝结。细线条表示富含胶原蛋白的结缔组织,它在加热到65 ℃时会收缩到原来的1/3,若继续加热,则形成明胶。

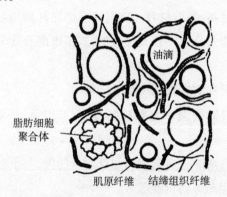

图4-4 肉糜的乳化

(二)影响乳化的因素

影响肉乳化能力的因素很多,除了与蛋白质种类、胶原蛋白含量有关外,还与斩拌的温度、时间、脂肪颗粒的大小、pH 值、可溶性蛋白质的数量与类型、乳化物的黏度和熏蒸烧煮等过程有关。

四、任务分析

(一)哈尔滨红肠制作工艺及操作要点

1. 工艺流程

原料肉的选择及整理→腌制→配料→制馅→灌制→烘烤→煮制→烟熏→成品包装。

2. 操作要点

（1）原料肉的选择及整理。原料肉应剔去大小骨头、皮以及结缔组织等，瘦肉切成 100 ~ 150 g 的肉块，肥膘切成 1 cm³ 见方的脂肪丁，以备腌制。

（2）腌制。将食盐和亚硝酸盐混合均匀后，与整理好的肥、瘦肉搅拌均匀，装入容器内腌制 2 ~ 3 天，温度控制在 5 ℃ 左右，待瘦肉块切面变成鲜红色，且较坚实有弹性、无黑心时腌制结束。此时脂肪坚硬，切面色泽一致。

（3）配料。① 猪瘦肉 40 kg，肥肉 10 kg，淀粉 7.5 kg，味精 0.05 kg，肉蔻 0.1 kg，食盐 1.5 kg，胡椒粉 0.075 kg，亚硝酸钠 0.0075 kg，白酒 0.5 kg，香油 0.15 kg，红曲 0.05 kg。② 猪瘦肉 35 kg，肥肉 15 kg，淀粉 10 kg，味精 0.1 kg，花椒粉 0.075 kg，食盐 1.75 kg，八角粉 0.05 kg，亚硝酸钠 0.0075 kg，黄酒 3.5 kg，香油 0.2 kg，红曲 0.075 kg，大蒜 0.25 kg，鲜姜 0.25 kg。③ 猪瘦肉 10 kg，肥肉 12.5 kg，牛肉 27.5 kg，淀粉 5 kg，大蒜 0.15 kg，黑胡椒粉 0.05 kg，食盐 1.5 kg，亚硝酸钠 0.0075 kg，红曲 0.05 kg。

（4）制馅。腌制后的猪瘦肉块，需要用绞肉机绞碎，一般用 2 ~ 3 mm 孔径孔板的绞肉机绞碎，在绞肉时由于与机器摩擦而肉温升高，需加入冰水进行冷却。搅拌 3 ~ 5 min 后加入淀粉搅拌，注意淀粉需先用清水调和，除去底部杂质，最后加入肥膘充分混合 2 ~ 3 min。搅拌时间以 15 ~ 20 min 为宜，加水量为 20% ~ 30%，分批加入。肉馅以弹性好、水合力强、没有乳状分离、脂肪丁分布均匀为宜，肉馅温度不应超过 15 ℃。

如使用牛肉，则需将牛肉斩拌至肉糜状，使成品具有鲜嫩细腻的特点。斩拌时，根据原料的干湿度和肉馅的黏性，斩拌时间一般为 5 min，为了避免肉温升高，斩拌时应向肉中加 7% ~ 10% 的冰屑，冰屑数量包括在加水总量内。斩拌结束时肉馅温度最好能保持在 8 ~ 10 ℃ 或更低。

（5）灌制。肠衣要提前洗净沥干。将肠衣套在灌肠机的灌嘴上，使肉馅均匀地灌入肠衣中。要掌握松紧度，不能过紧或过松，每隔 15 ~ 20 cm 打结。

（6）烘烤。烘烤温度为 65 ~ 70 ℃，40 min，表面干燥透明，肠馅显露淡红色即为烤好。

（7）煮制。通常采用水浴煮制法，煮制和染色同时进行。锅内水温达到 90 ~ 95 ℃，放入色素搅和均匀，随即将肠体放入，保持水温 80 ~ 83 ℃，肠体中心部温度达到 72 ℃，恒温 35 ~ 40 min 出锅，煮熟的标志是，用手掐肠体感到挺硬有弹性。

（8）烟熏。烟熏设备温度控制在 50 ~ 70 ℃，用硬木进行熏制 2 ~ 6 h。待肠体表面光滑，内部肉馅呈红色，表面稍有皱纹时，即为熏制成熟，出烟熏炉自然冷却，即为成品。

（9）成品包装。采用真空包装，在 0 ~ 4 ℃ 条件下贮藏。

3. 质量标准

肠衣干燥完整，并与内容物密切结合，坚实而有弹力，无黏液及霉斑，切面坚实而湿润，肉呈均匀的玫瑰红色，脂肪为白色，无腐臭，无酸败味。

（二）法兰克福肠制作工艺及操作要点

1. 工艺流程

原料肉的选择及整理→腌制→配料→制馅→灌制→熟制→成品包装。

2.操作要点

(1)原料的选择及整理。原料肉主要为猪肉,也可使用部分牛肉,应除去筋、腱、杂质等。

(2)腌制。瘦肉用直径为1.5~2 cm的筛孔绞肉机绞成肉粒,加入3%的食盐和0.1g/kg的亚硝酸钠。肥肉切成大块状,用3%的食盐腌制。温度为4~10 ℃,腌制时间为24 h。

(3)配料。瘦肉75 kg,肥肉15 kg,淀粉10 kg,乳化剂500 g,大蒜1 kg,胡椒面150 g,味素150 g,红曲米100 g。

(4)制馅。制馅主要在斩拌机中进行。斩拌机可以充分保证肉糜的混合与乳化质量,节省生产时间,占地面积小,生产效率高,清洁卫生。斩拌时先加入瘦肉和调味料,然后加肉量20%的冰水,最后加淀粉和肥膘。加冰水是防止肉在斩拌中由于机械摩擦引起的升温。

(5)灌制。使用天然肠衣,也可使用人造肠衣,采用连续灌肠机进行灌制。灌制后无须扎眼放气。

(6)熟制。将法兰克福肠放入烤、熏一体炉中,设置温度为45 ℃,烘烤10~15 min,相对湿度为95%;55 ℃烘烤5~10 min;58 ℃烟熏10 min,相对湿度为30%;68 ℃烟熏10 min,相对湿度为40%;78 ℃熏制中心温度大于67 ℃即为成品。

(7)成品包装。采用真空包装,在0~4 ℃条件下贮藏。

3.质量标准

肠体完整,肠衣与肉馅密切结合,肠体有弹力,无黏液及霉斑,切面坚实而湿润,肉质细腻,无异味,无酸败味。

五、任务布置

总体任务				
任务1 每个小组各制作10根法兰克福肠。				
任务2 根据成品计算成品的出品率。				
任务3 核算成品的生产成本。				
任务4 根据成品总结质量问题及生产控制方法。				
任务5 完成法兰克福肠制作任务单。				
任务分解				
步骤	教学内容及能力/知识目标	教师活动	学生活动	时间
1	能查找法兰克福肠生产国家标准。	1.明确生产任务。	1.接受教师提出的工作任务,聆听教师关于灌制方法的讲解。	35 min
		2.将任务单发给学生。	2.通过咨询车间主任(教师扮演)确定生产产品的要求。	
		3.采用PPT讲解灌制方法和生产要点。	3.通过查阅资料,填写任务单部分内容。	

续表

		任务分解		
步骤	教学内容及能力／知识目标	教师活动	学生活动	时间
2	学习制作法兰克福肠所用的仪器设备： 1. 能使用制作法兰克福肠所用的工具和设备。 2. 能对工具和设备进行清洗与维护。	1. 为学生提供所需刀具、器具和设备，并提醒学生安全注意事项。	1. 根据具体的生产任务和配方的要求，选择合适的工具及灌制设备。	10 min
		2. 为学生分配原料肉；接受学生咨询，并监控学生的讨论。	2. 分成 6 个工作小组，并选出组长。	
3	制订生产计划： 1. 能够掌握法兰克福肠生产计划的制订。 2. 能学会与小组成员默契配合。	1. 审核学生的生产计划。	1. 以小组讨论协作的方式，制订生产计划。	15 min
		2. 对各生产环节提出修改意见。		
		3. 接受学生咨询并监控学生讨论。	2. 将制订的生产计划与教师讨论并定稿。	
4	法兰克福肠制作： 1. 能配合小组成员完成法兰克福肠的生产。 2. 对法兰克福肠生产中出现的质量问题能进行准确描述。 3. 能掌握法兰克福肠生产工艺流程。	1. 监控学生的操作并及时纠正错误。	1. 用刀具修整。	190 min
		2. 回答学生提出的问题。	2. 用夹层锅进行煮制。	
			3. 手工进行整形、系绳。	
		3. 对学生的生产过程进行检查。	4. 在任务单中记录工艺数据。	
5	计算法兰克福肠出品率、成本： 1. 能对成品进行评定。 2. 能计算成品出品率及生产成本。	1. 讲解成品出品率及成本核算的方法。	1. 学习成品出品率及成本的核算方法。	25 min
		2. 监控学生的操作并及时纠正错误。	2. 评定产品是否符合生产要求。	
		3. 回答学生提出的问题。	3. 计算本组制作的法兰克福肠出品率及生产成本。	
6	产品评价： 1. 能客观评价自我工作及所做的产品。 2. 对其他小组产品能做出正确评价。	1. 对各小组工作进行综合评估。	1. 以小组讨论方式进行产品评价。	10 min
		2. 提出改进意见和注意事项。	2. 根据教师提出的意见修改生产工艺条件。	
7	考核	明确考核要点	参与法兰克福肠工艺考核	60 min
8	管理	分配清洁任务	参与清场	15 min
作业	独立完成任务单上的总结和习题			
课后体会				

六、工作评价

对照成品进行评价,完成报告单。

法兰克福肠制作报告单
姓名:＿＿＿＿＿ 专业班级:＿＿＿＿＿ 学号:＿＿＿＿＿ 组别:＿＿＿＿＿
一、任务目标 1.通过任务,使学生学会灌肠肉制品的加工原理与方法。 2.掌握法兰克福肠加工的操作要点。 3.锻炼学生的动手能力及团队合作意识。 二、课堂习题 1.简述肠衣破裂的原因。   2.肠体外表起硬皮的原因是什么?   3.肠体颜色深浅不一的原因是什么?   4.肠身松软无弹性的原因是什么?   5.灌肠切面色泽发黄的原因是什么?   三、方法步骤 1.工艺流程: 2.操作要点: (1)原料选择:

续表

法兰克福肠制作报告单
姓名：_____ 专业班级：_____ 学号：_____ 组别：_____

（2）预处理：

（3）配料：

（4）制馅：

（5）灌制：

（6）熟制：

（7）成品：

四、注意事项

1.

2.

3.

4.

5.

五、结果分析

续表

法兰克福肠制作报告单
姓名：_____ 专业班级：_____ 学号：_____ 组别：_____
六、完成情况   七、心得体会   八、不足与改进   九、教师点评_____

七、实践回顾

1. 色泽发黄

切面色泽发黄，要看是切开来就黄，还是逐渐变黄的。如果刚切开时，切面呈均匀的玫瑰红色，而露置于空气中后，逐渐褪色，变成黄色，那是正常现象。这是由于粉红色的肌红蛋白在可见光线及氧的作用下，逐渐氧化成高铁血红蛋白，而使切面褪色发黄。如果切开后能够避免细菌和可见光线及氧的影响，则可防止变黄。另一种是切开后虽有红色，但淡而不匀，褪变色很易发生，这一般是亚硝酸盐用量不足造成的。还有一种现象，就是虽用了发色剂，但肉馅根本没有变色。这有以下两个原因：①原料的新鲜程度不好，脂肪已氧化酸败，则会产生过氧化物，呈色效果不好。②肉馅的 pH 值过高，则亚硝酸盐就不能分解产生 NO，也就不会产生红色的肌红蛋白。

2. 气孔多

切面气孔多不仅影响弹性和美观，而且气孔周围色泽都会发黄发灰，这是空气中混进了氧气造成的。这些空气中的氧使得肌红蛋白氧化褪色。因此最好用真空灌肠机。

3. 切面不坚实、不湿润

产生这种现象的多数是肠身松软无弹力的肠,其他如加水不足,制品少汁和质粗,绞肉机的刀面装得过紧、过松、不平以及刀刃不锋利等引起机械发热,都会影响品质。另外,脂肪绞碎过细,热处理时易于熔化,也影响切面。

八、课后作业

1. 总结生产灌肠制品用的灌肠材料有哪些。
2. 总结灌肠在加工过程中常遇到的质量问题有哪些。
3. 与市场销售产品进行对比,比较法兰克福肠的质量。

项目五

西式火腿制品生产及质量控制

任务一　盐水火腿制作

【知识目标】

1. 能掌握盐水火腿生产工艺流程;

2. 能说出盐水火腿生产工艺操作要点;

3. 能查找盐水火腿生产工艺国家标准。

【技能目标】

1. 能使用盐水火腿生产工具、设备并维护;

2. 能对盐水火腿生产工艺中出现的质量问题提出整改建议;

3. 能独立完成盐水火腿制作并核算产品出品率;

4. 能配合小组成员对成品进行客观评价并总结。

一、工作条件

杀菌设备按杀菌温度分为常压杀菌设备(温度 100 ℃)、高压杀菌设备(温度 100～120 ℃)、超高温杀菌设备(温度 120～135 ℃);按操作分为间歇式、连续式;按外形分为立式、卧式;按设备密封形式分为螺旋密封式、水静压式、水封式、机械式;按杀菌热源分为直接蒸汽加热、热水加热、火焰(煤气、微波)加热;按罐体运动形式分为静置式、滚动式。

（一）立式杀菌锅

立式杀菌锅由锅体、锅盖、系统(进蒸汽系统、冷却系统、压缩空气系统、排水系统、排气系统)、仪表(温度计、压力表、温度记录仪、计时用钟表)组成。可用于常压杀菌,也可用于高压杀菌。图 5 - 1 为立式杀菌锅的结构示意图。

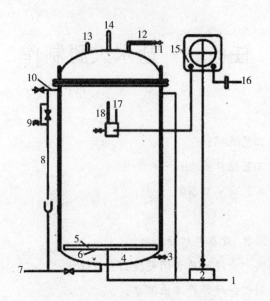

图 5 - 1　立式杀菌锅结构示意图

1. 蒸汽管;2. 薄膜阀;3. 进水管;4. 进水缓冲板;5. 蒸汽喷管;6. 杀菌篮支架;7. 排水管;

8. 溢水管;9. 保险阀;10. 排气管;11. 减压阀;12. 压缩空气管;13. 安全阀;14. 泄气阀;

15. 调节阀;16. 空气减压过滤器;17. 压力表;18. 温度计

(二)卧式杀菌锅

卧式杀菌锅与立式杀菌锅相似,不同之处为水平放置,锅体内的底部装有两条平行的轨道,用于杀菌车进出。卧式杀菌锅主要用于高压杀菌,常压杀菌时,耗水量大,热能消耗大,生产周期长。图5-2为卧式杀菌锅结构示意图。

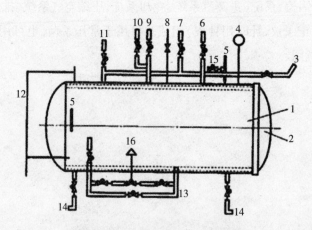

图 5 - 2　卧式杀菌锅结构示意图

1. 锅体;2. 锅门;3. 溢水管;4. 压力表;5. 温度计;6. 回水管;7. 排气管;8. 压缩空气管;9. 冷水管;

10. 热水管;11. 安全阀;12. 水位表;13. 蒸汽管;14. 排水管;15. 泄气阀;16. 薄膜阀

（三）回转式杀菌设备

回转式杀菌设备由上锅（贮水锅）、下锅（杀菌锅）、传动系统、定位器、循环泵、冷水泵、自控系统等组成。图5-3为回转式杀菌设备的结构示意图。

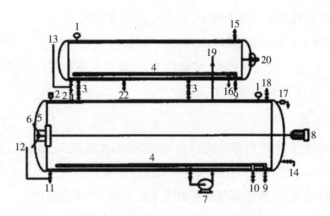

图5-3　回转式杀菌设备结构示意图

1.压力表;2.安全阀门;3.上下锅连通阀;4.蒸汽管;5.压力锅活动盖门; 6.压力锅快动锁把手;

7.上下锅水循环泵;8.调频主电机;9.蒸汽入口;10.增压蒸汽阀门;11.下锅排水阀门;12.下锅水位计;

13.上锅水位计;14.下锅入水管;15.上锅进水阀门;16.上锅排水阀门;17.下锅温度控制器 ;

18.排汽阀门;19.上下锅水循环管;20.压力锅盖顶;21.上锅排水阀门;22.上锅进水阀门

回转式杀菌锅一次杀菌周期可分为8个操作程序:制备过热水、向杀菌锅送水、加热升温、杀菌、热水回收、冷却、排水和启锅。

二、情境导入

盐水火腿是西式火腿中的一种典型产品,国外市场有较大的需求,国内有少量消费群体,质量要求较高。所以不管销量大小,只要有需求,就应掌握其工艺。

三、相关链接

滚揉是通过翻滚、碰撞、挤压、摩擦等一系列动作来完成的,又称按摩,是机械作用和化学作用有机结合的典型,是西式肉制品生产中最关键的一道工序。

1.滚揉的作用

（1）破坏肉的组织结构,使肉质松软

腌制后、滚揉前的肉块质地较硬(比腌制前还要硬),可塑性差,肉块间有间隙,黏结不牢。滚揉后,原组织结构受到破坏,部分纤维断裂,肌肉松弛,质地柔软,肉块间结合紧密。

（2）加速盐水渗透和发色

通过滚揉，肌肉组织被破坏，非常有利于盐水的渗透。

（3）加速蛋白质的提取和溶解

通过滚揉可以快速将盐溶性蛋白提取出来。肌球蛋白具有很强的保水性和黏结性，只有将它们充分提取出来，才能发挥作用。盐水中加入了很多盐类，提供了一定离子强度，但只有极少数的小分子蛋白溶出，多数蛋白分子只是在纤维中溶解，不会自动渗透肉体。

第一次滚揉的时间为 1 h 左右，滚揉后的肉装入容器，放置在（2~4）±1 ℃的冷库中存放 20~30 h，等待第二次滚揉。经第二次滚揉的肉，可塑性更大，表面包裹更多的糊状蛋白质时，即可停机出肉装模。滚揉后置于 0~4 ℃冷库内腌制 1 天。

2. 滚揉不足与滚揉过度

滚揉不足：因滚揉时间短，肉块内部肌肉没有松弛，盐水无法被充分吸收，蛋白质萃取少，导致肉块里外颜色不均匀，结构不一致，黏合力、保水性和切片性都差。

滚揉过度：滚揉时间太长，可溶性蛋白被萃取出来的太多，肉块之间形成一种黄色的蛋白胨，这是蛋白质变质的缘故。滚揉过度会影响产品整体色泽，使肉块黏结性、保水性变差。

3. 滚揉好的标准和要求

（1）肉的柔软度增强。

（2）肉块表面被凝胶物均匀包裹，肉块形状和色泽清晰可见，有"糊"状感觉，但糊而不烂。

（3）肉块表面黏度增加。

（4）肉块内外颜色均匀一致。

4. 滚揉的技术参数

（1）滚揉时间

并非所有产品滚揉时间都是一样的，要根据肉块大小、滚揉前肉的处理情况、滚揉机的具体情况分析再定。下面介绍一般滚揉时间的计算方式：$U \times N \times T = L$，即 $T = L/(U \times N)$。其中，U 表示滚揉筒的周长，$U = \pi R$；R 表示滚揉筒直径；N 表示转速，即每分钟转数；L 表示滚揉筒转动的总距离，L 一般为 10000~15000 m；N 表示总转动时间（有效时间），不包括间歇时间。

（2）适当的载荷

滚揉机内盛装的肉一定要适量，过多或过少都会影响滚揉效果。一般设备制造厂都会给出罐体容积。建议按额定容机的 60% 装载。

（3）滚揉期和间歇期

在滚揉过程中，使肉在循环中得到"休息"是很有必要的。一般采用开始阶段 10~20 min 工作，间歇 5~10 min，至中后期，工作 40 min，间歇 20 min。产品种类不同，采用的方法也各不相同。

（4）转速

建议转速 5~10 r/min。

（5）滚揉方向

滚揉机都有正转、反转功能。卸料前 5 min 反转，以清理出滚筒翅片背部的肉块和蛋白质。

（6）真空

"真空"状态可促进盐水的渗透,有助于清除肉块中的气泡,防止滚揉过程中气泡的产生,一般真空度控制在 0.7~0.8 bar。真空度太高会起反作用,肉块中的水会被抽出来。

（7）温度控制

较理想的滚揉间温度为 0~4 ℃。当温度超过 8 ℃时,产品的黏合力、出品率和切片性等都会显著下降。在滚揉过程中,由于肉在罐内不断摔打、摩擦,罐内肉品的温度比滚揉间温度高 3~5 ℃,所以最好选用可制冷的滚揉机。

四、任务分析

盐水火腿是欧美等国的主要肉制品品种之一,具有生产周期短、黏合性强、出成率高、色味俱佳、食用方便等优点。

（一）盐水火腿制作工艺及操作要点

1. 工艺流程

原料选择→整理→切块→腌制→滚揉→混合→灌装→装模→蒸煮→成品冷却→包装。

2. 工艺及操作要点

（1）原料选择。原料应选择经兽医卫生检验,pH≥5.6 的鲜肉和符合鲜售的猪后腿或大排(即背肌),两种原料以任何比例混合或单独使用均可。原则上仅选后腿肉和背腰肉,温度为 0~4 ℃。如果用冷冻肉,应在 0~4 ℃冷库内进行解冻。

（2）整理。原料肉去除皮、骨、结缔组织、淋巴、筋腱、脂肪和杂物,使其成为纯精肉。

（3）切块。整理后,切成长 3 cm、宽 2 cm、厚 1 cm 左右的小块。处理后肉块表面积增大,有利于肉中蛋白质的溶出。切块后要进行称重,以便计算出配料的添加量。

（4）腌制。盐水的主要成分是盐、亚硝酸钠和水的混合物,近年改进的新技术中,新加入助色剂柠檬酸、维生素 C 和品质改良剂磷酸盐等,效果良好。

混合粉的主要成分是淀粉、葡萄糖、磷酸盐和少量的盐、味精等,还可选择性地加入少量血红蛋白。根据地方风味习惯,还可加些其他辅料。

用盐水注射器把盐水(8~10 ℃)强行注入肉块内。以注射大体均匀为原则,大的肉块要多处注射。盐水注射量一般控制在 20%~25%。注射多余的盐水可倒入肉盘中浸渍。应在 8~10 ℃的冷库内进行注射,若在常温下操作,则应把注好盐水的肉迅速转入(2~4)±1 ℃的冷库内。若冷库温度过低(低于 0 ℃),虽对保持产品质量有利,但会导致肉块冻结,盐水的渗透和扩散速度会大大降低。由于肉块内部冻结,按摩时不能最大限度地使蛋白质外渗,肉块之间的黏合能力大大减弱,制成的产品易松散。腌制时间通常控制在 16~20 h,因腌制所需时间与温度、盐水是否注射均匀等因素有关,且盐水渗透、扩散和生化作用是个缓慢过程,尤其是在冬天或低温条件下,若腌制时间过短,肉块中心往往不能腌透,从而影响产品质量。腌制工序要点可以概括为 3 点:

①腌制盐水的主要成分为水、食盐、品质改良剂、发色剂、助色剂以及其他添加物。

②按照配方要求配制盐水。

③将配制好的盐水倒入切好的肉中混合均匀,置于 0～4 ℃环境下腌制 24～48 h。

(5)滚揉。腌制后的肉块一部分斩拌为肉糜,另一部分放入真空滚揉机中进行滚揉,通常滚揉时间为 4 h。在滚揉快结束时按比例加入淀粉、大豆蛋白及调味料,再继续滚揉 10 min,以保证充分混合均匀。

(6)混合。将斩拌好的少部分肉糜与滚揉后的肉块混合,使肉块之间无空隙,注意肉与各配料混合要均匀,混合不匀将会影响火腿味道和色泽。

(7)灌装。按要求尺寸提前把塑料肠衣剪开,一头打卡。灌馅后称量并使质量控制在 250 g,排尽肉块中的气体,形成一定的外形,使产品组织致密有弹性、无汁液流出、无气孔,在蒸煮前要控制肉温不超过 20 ℃,灌装结束后再把肠衣另一头打卡、压膜。

(8)装模。滚揉后的肉,要迅速装入 250 g 规格的不锈钢模具,不宜在常温下久置,否则会使蛋白质黏度降低,从而影响肉块间的黏着力,装模前进行定量过磅。

(9)蒸煮。在蒸煮锅内加水,温度升到 85 ℃后放入模具,水温恒定 80 ℃蒸煮 2 h。模具有规则地排列在方锅内,下层铺满后再铺上层,排列好后即可放入清洁水中,水面应稍高出模具。应特别注意控制温度,如果温度过高,成品易脱水,影响产品外观;温度过低,火腿结构松散,弹性差,口感不好。

(10)冷却。将蒸煮好的产品放入冷水中进行冷却,等到不太烫手时脱去模具即为成品。经过整形后的模具,迅速放入 0～4 ℃的冷库内存放,在冷库中继续冷却 12～15 h,待完全冷却后即可出模、包装、销售,需要保持冷链运输。

(11)贮藏。装好的火腿立即送入 2～4 ℃的冷库内贮存。

3. 质量标准

盐水火腿属于高水分低温肉制品,成品鲜美可口、柔嫩多汁、脆鲜清香、营养丰富、保水性高。本工艺使用了较低的热加工温度,从而保持了肉质特有美味及营养。

(二)注意事项

1. 腌制盐水应清洁卫生、无杂质。当日未使用完的盐水应废弃。

2. 确保滚揉时间充足。保证滚揉温度在 2～4 ℃,滚揉过程中可以加冷冻水或冰块降温。真空度控制在 90%～100%。

3. 根据模具大小控制杀菌温度和时间,保证肉中心温度在 70～78 ℃。装模充填致密,无气泡。

五、任务布置

总体任务

任务1 每个小组各制作15根盐水火腿。

任务2 根据成品计算成品的出品率。

任务3 核算成品的生产成本。

任务4 根据成品总结质量问题及生产控制方法。

任务5 完成盐水火腿制作任务单。

任务分解				
步骤	教学内容及能力/知识目标	教师活动	学生活动	时间
1	能查找盐水火腿生产国家标准。	1.明确生产任务。	1.接受教师提出的工作任务,聆听教师关于煮制方法的讲解。	35 min
		2.将任务单发给学生。	2.通过咨询车间主任(教师扮演)确定生产产品的要求。	
		3.采用PPT讲解灌制、煮制方法和生产要点。	3.通过查阅资料,填写任务单部分内容。	
2	学习制作盐水火腿所用的仪器设备: 1.能使用制作盐水火腿所用的工具和设备。 2.能对工具和设备进行清洗与维护。	1.为学生提供所需刀具、器具和设备,并提醒学生安全注意事项。	1.根据具体的生产任务和配方的要求,选择合适的工具及烟熏设备。	10 min
		2.为学生分配原料肉;接受学生咨询,并监控学生的讨论。	2.分成6个工作小组,并选出组长。	
3	制订生产计划: 1.能够掌握盐水火腿生产计划的制订。 2.能学会与小组成员默契配合。	1.审核学生的生产计划。	1.以小组讨论协作的方式,制订生产计划。	15 min
		2.对各生产环节提出修改意见。		
		3.接受学生咨询并监控学生讨论。	2.将制订的生产计划与教师讨论并定稿。	

续表

		任务分解		
步骤	教学内容及能力/知识目标	教师活动	学生活动	时间
4	盐水火腿制作： 1. 能配合小组成员完成盐水火腿的生产。 2. 对盐水火腿生产中出现的质量问题能进行准确描述。 3. 能掌握盐水火腿生产工艺流程。	1. 监控学生的操作并及时纠正错误。 2. 回答学生提出的问题。 3. 对学生的生产过程进行检查。	1. 用刀具修整。 2. 用夹层锅进行煮制。 3. 手工进行整形、系绳 4. 在任务单中记录工艺数据。	280 min
5	计算盐水火腿出品率、成本： 1. 能对成品进行评定。 2. 能计算成品出品率及生产成本。	1. 讲解成品出品率及成本核算的方法。 2. 监控学生的操作并及时纠正错误。 3. 回答学生提出的问题。	1. 学习成品出品率及成本的核算方法。 2. 评定产品是否符合生产要求。 3. 计算本组制作的盐水火腿出品率及生产成本。	25 min
6	产品评价： 1. 能客观评价自我工作及所做的产品。 2. 对其他小组产品能做出正确评价。	1. 对各小组工作进行综合评估。 2. 提出改进意见和注意事项。	1. 以小组讨论方式进行产品评价。 2. 根据教师提出的意见修改生产工艺条件。	10 min
7	考核	明确考核要点	参与盐水火腿工艺考核	60 min
8	管理	分配清洁任务	参与清场	15 min
作业	独立完成任务单上的总结和习题			
课后体会				

六、工作评价

对照成品进行评价,完成报告单。

<table>
<tr><td colspan="2" align="center">盐水火腿制作报告单</td></tr>
<tr><td colspan="2">姓名:_____专业班级:_____学号:_____组别:_____</td></tr>
<tr><td colspan="2">一、任务目标

1.通过任务,使学生学会西式火腿制品的加工原理与方法。
2.掌握盐水火腿加工的操作要点。
3.锻炼学生的动手能力及团队合作意识。

二、课堂习题
1.简述西式火腿的种类。

2.西式火腿有什么特点?

3.西式火腿加工中,滚揉的作用是什么?需要注意什么?

4.斩拌的作用时什么?需要注意哪些事项?

5.盐水火腿加工中,腌制过程有哪些方面的成分变化?

6.盐水火腿腌制时应注意哪些事项?

三、方法步骤
1.工艺流程:

</td></tr>
</table>

续表

盐水火腿制作报告单
姓名：_____ 专业班级：_____ 学号：_____ 组别：_____
2.操作要点： （1）原料选择：   （2）预处理：   （3）配料：   （4）滚揉：   （5）灌制：   （6）熟制：   （7）成品：   四、注意事项 1. 2. 3. 4. 5.   五、结果分析

续表

<table>
<tr><td colspan="4" align="center">盐水火腿制作报告单</td></tr>
<tr><td>姓名：_____</td><td>专业班级：_____</td><td>学号：_____</td><td>组别：_____</td></tr>
<tr><td colspan="4">六、完成情况

七、心得体会

八、不足与改进

九、教师点评_____
_____

</td></tr>
</table>

七、实践回顾

1. 色泽发黄

切面色泽发黄，要看是切开来就黄，还是逐渐变黄的。如果刚切开时，切面呈均匀的玫瑰红色，露置于空气中后，逐渐褪色变黄，是正常现象。如果切开后能够避免细菌和可见光线及氧的影响，则可防止。另一种是切开后虽有红色，但淡而不匀，褪变色很易发生，这一般是亚硝酸盐用量不足造成的。还有一种现象，就是虽用了发色剂，但肉馅根本没有变色。

2. 气孔多

切面气孔多不仅影响弹性和美观，而且气孔周围色泽还会发黄发灰，这是空气中混进了氧气造成的。这些空气中的氧使得肌红蛋白氧化褪色。因此最好用真空灌肠机。

3. 切面不坚实、不湿润

产生这种现象的多数是肠身松软无弹力的肠，其他如加水不足、制品少汁、质粗，绞肉机的刀面装得过紧、过松、不平以及刀刃不锋利等引起机械发热,都会影响品质。另外,脂肪绞碎过细,热处理时易于熔化,也影响切面。

八、课后作业

1. 总结生产西式火腿使用的肠衣和模具有哪些。

2. 与市场销售产品进行对比,总结自己所制作的西式火腿存在哪些不足。

任务二　双色火腿制作

【知识目标】

1. 能掌握双色火腿生产工艺流程;

2. 能说出双色火腿生产工艺操作要点;

3. 能查找双色火腿生产工艺国家标准。

【技能目标】

1. 能使用双色火腿生产工具、设备并维护;

2. 能对双色火腿生产工艺中出现的质量问题提出整改建议;

3. 能独立完成双色火腿制作并核算产品出品率;

4. 能配合小组成员对成品进行客观评价并总结。

一、工作条件

自动充填结扎装置是通过特殊的旋转泵,定量充填香肠,并自动连续进行结扎的设备,也有通过活塞和回转肉泵把肉定量挤出来,进行扭结结扎。按动力源分为手动式、空气压缩式和油压式三种;按外形分为立式和卧式。图5－4为自动充填机工作原理图。

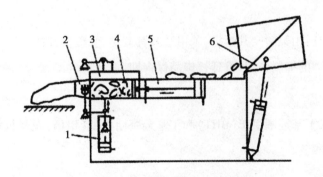

图5－4　火腿充填机工作原理图

1.压盖机充填嘴加紧气压缸;2.充填嘴;3.压盖;4.料筒;5.气压缸;6.上料装置

二、情境导入

双色火腿多为酒店供应,工艺复杂,质量不好把握。因此应熟悉要点,掌握工艺。

三、相关链接

（一）栅栏技术

控制着微生物腐败、产毒或有益发酵的栅栏因子有降低水活性、酸化、低温冷藏、高温处理等,这些因子的复杂交互作用及协同作用对肉品起到联合防腐的效果,因此将其命名为栅栏技术。栅栏效应是肉品保藏的根本所在。

（二）微波处理技术

利用微波处理杀死肉中残留微生物,延长肉品货架期,是较为理想的肉品贮藏方式。由于减少了产品的损失,提高了产品的质量,并能增加产量,降低能耗,较大地降低成本,故存在极大的潜力,有广阔的发展前途。N/PE 袋封装制品在特定的微波场中,经瞬间处理,可均匀地达到高温处理要求,对营养成分、风味和色泽的破坏很小。

（三）生化保藏技术

生化保藏是利用各种酶制剂、特选菌种和抗生素等保藏肉制品的方法,具有无毒高效的特点。

（四）肉品添加剂技术

1. 防腐剂

常用的肉品防腐剂有:山梨酸及其盐类、苯甲酸及其盐类、乳酸及其盐类等。

利用防腐剂对微生物的抑制作用,可延长肉品保存期。

2. 抗氧化剂

肉品抗氧化剂有:二丁基羟基甲苯(BHT)和丁基羟基茴香醚(BHA)及异抗坏血酸及其盐类,能抑制肉制品中脂肪的氧化酸败。

（五）真空包装技术

采用真空包装或充气包装对包装材料有以下要求:

1. 阻气性能。防止大气中的氧重新进入已抽真空的包装袋内。

2. 水蒸气阻隔性能。对于干制肉制品,能阻止水分从外部进入包装内。

3. 气味阻隔性能。保持产品本身的香味及防止外部的气味渗入。

4. 遮光性能。防止光线加速产品的生化反应过程。

5. 机械性能。包装材料最重要的机械性能是抗撕裂和抗封口破损的能力。

6. 其他性能。容易打开,食用方便;产品不与周围介质发生化学或物理作用;不会影响产品的味道和气味;可杀菌性;等等。

（六）低温贮藏技术

低温贮藏是现代原料肉贮藏最广泛的方法之一。利用低温条件下抑制肉品的生化变化和微生物的生命活动,较长时间保持肉的品质。

根据采用的温度不同,肉的低温贮藏法可以分为冷却法和冻结法:

1. 肉的冷却贮藏

经冷却后的肉在 0 ℃左右的条件下进行较短时间的贮藏。冷藏过程中仍有微生物活动,会使肉品产生表面发黏、发霉,颜色变化和不良气味的现象。冷藏期间的温度和湿度应当保持均恒,空气流速以 0.1~0.2 m/s 为宜。表 5-1 为冷却肉的冷藏温度和期限。

表 5-1　冷却肉的冷藏温度和期限

品种	温度/℃	相对湿度/%	预计贮藏期/天
牛肉	-1.5~0	90	28~35
小牛肉	-1~0	90	7~21
羊肉	-1~0	85~90	7~14
猪肉	-1.5~0	85~90	7~14
腊肉	-3~1	80~90	30
腌猪肉	-1~0	80~90	120~180

2. 肉的冻结贮藏

指将肉的温度降低到 -18 ℃以下,肉中的绝大部分水分(80%以上)形成冰结晶的过程。表 5-2 为肉的冻结温度和肉汁中水分的冻结率。

表 5-2　肉的冻结温度和肉汁中水分的冻结率

冻结温度/℃	-1.5	-2.5	-5	-7.5	-10	-17.5	-20	-25	-32.5
冻结率/%	30	63.5	75.6	80.5	83.7	88.5	89.4	90.4	91.3

（1）冻结原理

温度降低,冰点也继续下降,当达到肉汁的冰晶点时,则全部水分冻结成冰。冻结时肉汁形成的结晶,主要是由肉汁中纯水部分所组成的。

（2）冻结方法

肉的冻结方法有一次冻结和二次冻结。

（3）冻结肉的解冻

解冻实际上是冻结的逆过程,是将冻肉内冰晶体状态的水分转化为液体,同时恢复冻肉原有状态和特性的工艺过程。解冻肉的质量与解冻速度和解冻温度有关。缓慢解冻和快速解冻会使肉的质量有很大差别。

（七）气调保鲜贮藏技术

气调保鲜贮藏技术是利用减少氧气浓度,增加惰性气体浓度,抑制细菌繁殖,结合调控温度以达到长期保存和保鲜的一种技术。气调贮藏方法有以下几种:

1. 100% 纯 CO_2 气调包装

在冷藏条件下(0 ℃),充入不含 O_2 的 CO_2 至饱和,可有效防止肉色由于 O_2 引起的氧化变褐,延长贮藏期。纯 CO_2 气调包装适合于批发、长途运输等要求较长保存期的销售方式。

2. 75% O_2 和 25% CO_2 的气调包装

用 75% O_2 和 25% CO_2 组成的混合气体充入鲜肉包装内,既可形成氧合肌红蛋白,又可使肉在短期内防腐保鲜。这种只适合于在当地销售的零售包装。

3. 50% O_2、25% CO_2 和 25% N_2 的气调包装

用 50% O_2、25% CO_2 和 25% N_2 组成的混合气体作为保护气体充入鲜肉包装内,既可使肉色鲜红、防腐保鲜,同时又可防止因 CO_2 逸出包装盒受大气压力压塌。这种气调包装同样适合于在本地超市销售的零售包装形式。在 0 ℃冷藏条件下,保存期可达到 14 天。

鲜肉气调包装应注意的问题:

(1)鲜肉在包装前应进行冷却处理(0~4 ℃,24 h),抑制鲜肉中 ATP 的活性,完成排酸过程。

(2)通常选用以 PET、PP、PA、PVDC 等作为基材的复合包装薄膜。选用阻隔性良好的包装材料,防止包装内气体外逸,同时也要防止大气中 O_2 的渗入。

(3)必须保证充气和封口质量,减少包装操作过程中的各种污染。

(4)必须实现从产品、贮存、运输到销售全过程的温度控制。

（八）肉的辐射贮藏

这种方法处理肉类时,无须提高肉的温度就可以杀死肉中深层的微生物和寄生虫,而且可以在包装以后进行,不会留下任何残留物,既节约能源,又适合工业化生产。利用放射性物质发出的 γ 射线或利用电子加速器产生的电子束或 X 射线,在一定剂量范围内辐照肉,杀灭其中的病原微生物及其他腐败细菌,或抑制肉品中某些生物活性物质和生理过程,从而达到保藏目的。

四、任务分析

1. 双色火腿制作工艺及操作要点

原料选择→修整→腌制→部分斩拌→搅拌肉馅→灌装→烘烤→蒸煮→冷却→贮藏成品。

2. 工艺及操作要点

(1)原料选择。选择新鲜、健康的猪分割肉、碎精肉或牛肉。

(2)修整。剔出骨渣、淋巴和毛渣等。

(3)腌制。猪精瘦肉、牛肉剔后称重,加入食用盐、亚硝酸钠拌匀,置于 2~10 ℃冷库中腌制 2~

3 天。

（4）部分斩拌。将较瘦猪肉斩成肉馅,再加入猪膘和各种辅料,冰屑的添加可分 2~3 次加入,一定要使馅料温度低于 14 ℃。同时将腌制 2~3 天后的猪肉或牛肉切成 5 cm×5 cm 大小的肉块,即猪精瘦肉或牛肉约 40% 切成块状,将瘦猪肉、肥膘约 60% 斩成细、粗肉馅。这一比例是可以改变的,如50∶50、60∶40 等。

（5）搅拌肉馅。将斩拌好的肉馅腌制,并加入滚揉好的猪肉或牛肉块,再加入异抗坏血酸钠,搅拌均匀。

（6）灌装。尽量用真空充填机灌装,选择直径 90~105 mm 的人造胶原肠衣、牛大肠衣或牛盲肠衣,装量为每节 0.5 kg、1.0 kg 等。灌装力求密实但又不过分紧胀,蒸煮不易破裂,肠体也会富有弹性而使切面无孔洞。

（7）烘烤。蒸煮前为了增加肠衣的坚固性,使肠衣与馅皮干燥、硬化、组合化和一体化,避免蒸煮时破裂,需要进行烘烤。例如,烘烤温度 55~65 ℃,时间 50~60 min。

（8）蒸煮。温度控制在 85 ℃ 以下蒸煮 2.5~3 h,使肠中心温度为 72 ℃ 即可捞出。

（9）冷却。捞出后冷水淋激,喷淋 30 min,还可以加强制冷风,使火腿心快速冷却。

（10）贮藏。冷却后的产品转入 0~2 ℃ 的冷库中,可放 2~5 天。

3. 质量标准

双色火腿成品应该是红、白两色,鲜美芳香、咸淡适宜、富有弹性、滑嫩可口、味觉丰润。

五、任务布置

总体任务				
任务 1　每个小组各制作 10 根双色火腿。				
任务 2　根据成品计算成品的出品率。				
任务 3　核算成品的生产成本。				
任务 4　根据成品总结质量问题及生产控制方法。				
任务 5　完成双色火腿制作任务单。				
任务分解				
步骤	教学内容及能力/知识目标	教师活动	学生活动	时间
1	能查找双色火腿生产国家标准。	1. 明确生产任务。	1. 接受教师提出的工作任务,聆听教师关于煮制方法的讲解。	35 min
		2. 将任务单发给学生。	2. 通过咨询车间主任(教师扮演)确定生产产品的要求。	
		3. 采用 PPT 讲解灌制、煮制方法和生产要点。	3. 通过查阅资料,填写任务单部分内容。	

续表

步骤	教学内容及能力/知识目标	教师活动	学生活动	时间
2	学习制作双色火腿所用的仪器设备： 1. 能使用制作双色火腿所用的工具和设备。 2. 能对工具和设备进行清洗与维护。	1. 为学生提供所需刀具、器具和设备，并提醒安全注意事项。	1. 根据具体的生产任务和配方的要求，选择合适的工具及烟熏设备。	10 min
		2. 为学生分配原料肉；接受学生咨询，并监控学生的讨论。	2. 分成 6 个工作小组，并选出组长。	
3	制订生产计划： 1. 能够掌握双色火腿生产计划的制订。 2. 能学会与小组成员默契配合。	1. 审核学生的生产计划。	1. 以小组讨论协作的方式，制订生产计划。	15 min
		2. 对各生产环节提出修改意见。		
		3. 接受学生咨询并监控学生讨论。	2. 将制订的生产计划与教师讨论并定稿。	
4	双色火腿制作： 1. 能配合小组成员完成双色火腿的生产。 2. 对双色火腿生产中出现的质量问题能进行准确描述。 3. 能掌握双色火腿生产工艺流程。	1. 监控学生的操作并及时纠正错误。	1. 用刀具修整。	370 min
		2. 回答学生提出的问题。	2. 用夹层锅进行煮制。	
			3. 手工进行整形、系绳。	
		3. 对学生的生产过程进行检查。	4. 在任务单中记录工艺数据。	
5	计算双色火腿出品率、成本： 1. 能对成品进行评定。 2. 能计算成品出品率及生产成本。	1. 讲解成品出品率及成本核算的方法。	1. 学习成品出品率及成本的核算方法。	25 min
		2. 监控学生的操作并及时纠正错误。	2. 评定产品是否符合生产要求。	
		3. 回答学生提出的问题。	3. 计算本组制作的双色火腿出品率及生产成本。	
6	产品评价： 1. 能客观评价自我工作及所做的产品。 2. 对其他小组产品能做出正确评价。	1. 对各小组工作进行综合评估。	1. 以小组讨论方式进行产品评价。	10 min
		2. 提出改进意见和注意事项。	2. 根据教师提出的意见修改生产工艺条件。	
7	考核	明确考核要点	参与双色火腿工艺考核	60 min
8	管理	分配清洁任务	参与清场	15 min
作业	独立完成任务单上的总结和习题			
课后体会				

六、工作评价

对照成品进行评价,完成报告单。

双色火腿制作报告单
姓名:_____ 专业班级:_____学号:_____组别:_____
一、任务目标 1.通过任务,使学生学会西式火腿制品的加工原理与方法。 2.掌握双色火腿加工的操作要点。 3.锻炼学生的动手能力及团队合作意识。 二、课堂习题 1. 简述双色火腿的特点。   2. 双色火腿制作过程中应注意哪些问题?   3. 双色火腿制作中,滚揉不足与过度会出现什么现象?   4. 蒸煮的作用是什么? 应注意哪些事项?   三、方法步骤 1.工艺流程: 2.操作要点: (1)原料选择: (2)预处理:

续表

<table>
<tr><td colspan="4" align="center">双色火腿制作报告单</td></tr>
<tr><td>姓名：_____</td><td>专业班级：_____</td><td>学号：_____</td><td>组别：_____</td></tr>
</table>

（3）配料：

（4）滚揉：

（5）灌制：

（6）熟制：

（7）成品：

四、注意事项

1.

2.

3.

4.

5.

五、结果分析

六、完成情况

续表

<table>
<tr><td colspan="2" align="center">双色火腿制作报告单</td></tr>
<tr><td colspan="2">姓名：_____ 专业班级：_____ 学号：_____ 组别：_____</td></tr>
<tr><td colspan="2">七、心得体会

八、不足与改进

九、教师点评_____
_____</td></tr>
</table>

七、实践回顾

1.原料一定要新鲜,剔出骨渣、淋巴和毛渣,不能有任何残留,否则会影响产品质量。

2.腌制时温度要控制在 2 ~ 10 ℃,一般腌制 2 ~ 3 天。

3.斩拌肉馅时,辅料的添加要按照顺序,先斩成肉馅再加入猪膘和各种辅料,并在斩拌过程中分次加冰,整个过程都要将温度控制在 10 ℃ 左右,防止因斩拌温度过高而使部分蛋白质变性,从而影响制品的弹性。

4.尽量采用真空充填机灌装,力求密实但又不过分紧胀,保证蒸煮时不破裂,火腿体富有弹性,切面无孔洞。

八、课后作业

1.总结生产双色火腿使用的原料有哪些特点。

2.与市场销售产品进行对比,总结自己所制作的火腿存在哪些不足。

参考文献

[1]李湘利,张子德,刘静. 肉类保鲜机理研究现状及发展趋势[J].肉类工业,2005(7):15-17.

[2]王婷婷,李洪军. 香辛料提取物在肉品保鲜中的作用及应用[J].食品工业科技,2010(2):359-361.

[3]彭雪萍,刘艳芳,王春晖,等. 肉桂提取物在卤肉保鲜中的应用研究[J].中国食品添加剂,2008(6):140-142.

[4]连军强. 天然香辛料在肉制品中的使用原则与作用[J].肉类工业,2003,(12):37-38.

[5]杨丽,黄雪琳,王娟. 食品亚硝酸盐来源与检测方法[J].粮食与油脂,2011(11):13-15.

[6]浮吟梅,吴晓彤. 肉制品加工技术[M].北京:化学工业出版社,2008.